编 委 会

"互联网+"
新型职业农民培育

中药材
栽培技术

吕德芳　主　编

字淑慧　刘自兴　胡艳芳　副主编

云南大学出版社
Yunnan University Press

图书在版编目（CIP）数据

中药材栽培技术/吕德芳主编. —— 昆明：云南大学出版社, 2021（2022重印）
（"互联网+"新型职业农民培育系列丛书）
ISBN 978-7-5482-3926-0

Ⅰ.①中… Ⅱ.①吕… Ⅲ.①药用植物 – 栽培技术
Ⅳ.①S567

中国版本图书馆CIP数据核字(2020)第000490号

策划编辑：朱　军
责任编辑：徐　曼
封面设计：王嬿一

"互联网+"
新型职业农民培育

ZHONGYAOCAI ZAIPEI JISHU

中药材栽培技术

吕德芳　主　编
字淑慧　刘自兴　胡艳芳　副主编

出版发行：云南大学出版社
印　　装：河北盛世彩捷印刷有限公司
开　　本：787mm×1092mm 1/16
印　　张：15（含2个印张彩页）
字　　数：228千
版　　次：2021年7月第1版
印　　次：2022年6月第2次印刷
书　　号：ISBN 978-7-5482-3926-0
定　　价：48.00元

社　　址：昆明市一二一大街182号（云南大学东陆校区英华园内）
邮　　编：650091
发行电话：0871-65033244 65031071
网　　址：http://www.ynup.com
E – mail：market@ynup.com

若发现本书有印装质量问题，请与印厂联系调换，联系电话：0318-6658666。

前　言

　　十九大报告提出"乡村振兴战略"，按照"产业兴旺、生态宜居、乡风文明、治理有效、生活富裕"的总要求，加快推进农业农村现代化。实施乡村振兴战略，是以习近平同志为核心的党中央着眼党和国家事业全局，顺应亿万农民对美好生活的期待而做出的重大决策部署，也是决胜全面建成小康社会、全面建设富强民主文明和谐美丽社会主义现代化国家的重大历史任务。乡村振兴不但需要资金，在实际推动过程中更需要人才。要完成乡村振兴这个宏大战略，就要汇聚全社会的力量，强化乡村振兴的人才支撑，把人力资源开发放在首位。

　　实施乡村振兴战略，广大农民群众是主力军。做好"三农"工作要以农民为中心，以富民为根本，切实发挥农民在乡村振兴中的主体作用。高素质农民作为"有文化、懂技术、善经营、会管理"的新型农业经营主体，承载着中国农业的未来。当前，我国农业正加快由传统向现代升级，农业劳动力比例逐年下降，规模化经营快速发展，农业与二、三产业融合加快，产业形态新变化、农村社会新变化、农业从业者新变化等都对农民素质提出新要求。

　　为了提升教材建设工作水平，提高高素质农民培训的质量和效果，推动质量兴农、绿色发展，促进高原特色农业高质量发展，打造世界一流"绿色食品牌"，实现乡村全面振兴，云南省农业广播电视学校曲靖市分校结合当地农业农村发展实际和培训需求，组织相关专家编写了培训教材《中药材栽培技术》。

编　者

2020 年 7 月

目　录

55　　第三篇　滇黄精规范化栽培技术

第一篇

银杏规范化栽培技术

◎ 概　述

◎ 生物学特性

◎ 栽培技术

◎ 病虫害防治

◎ 采收与初加工

第一章 概 述

第一节 栽培历史及地理分布

一、栽培历史

银杏，又名白果、公孙树、鸭脚树、蒲扇，是第四世纪冰川运动后遗留下来的裸子植物中最古老的孑遗植物，和它同纲的其他植物都已灭绝，它被号称为植物界的"活化石"，是世界最古老的孑遗植物。银杏分布于中国温带亚热带气候，全国大范围内均有种植。主要品种为长子品种群、佛指品种群、马铃品种群、梅核品种群、圆子品种群五大品种群。云南大部分均有分布，以沾益、富源、罗平、腾冲、大关为主。康恩贝集团公司下属的云南希美康农业开发有限公司在珠江源头来远村委会已种植银杏5万多亩，目前是全国连片面积最大的一个基地，公司五年内计划发展10万亩，种植品种为马铃类品种，因马铃和佛指类的叶用效果较好，具有观赏、经济、药用价值，全身都是宝。

孑遗后的现代银杏已有150万~200万年的生活历史，至于什么时候开始栽培的银杏，因其栽培历史缺乏古籍的系统记载，现在很难考证，只能根据资料片段和现存的古老银杏来追溯其大概历史。

汉代司马相如（公元前179—公元前118年）的《上林赋》中记有"华枫枰栌"，西晋左思（公元205—305年）年《三都赋》中记有"平仲"之名，唐代李善著的《文选》（公元689年）解释"平仲"即"平仲木"，"平仲之木"，"其实如银"。据此，后人认为"平仲"即是现代的银杏。在汉代的四川上林，三国时期江苏的苏州都有相当数量的银杏资源。但明代李时珍，清朝廖文英、吴其睿等名家认为"平仲"即银杏证据不足。北宋刘原父（公元1019—1068年）以纪事诗的形式，在其诗的内容中提及汉末三国时期，政治活动家将银杏种子作为外交活动的礼品。在江南一带早已有银杏古树和银杏种子生产。

在宋代，安徽的宜城、湖北的江陵已有银杏种子生产的记载。明代时，江苏泰兴、山东郓城、广西桂林已开始栽培银杏。浙江杭州在宋代之后扩大栽培面积，江苏吴中区则在清朝开始种植，至光绪年间才扩大栽培面积。现珠江源头炎方乡母官村委会卡居村还有一棵古树，要6人才能合围过来，据老人相传已有一千多年。关于从何时开始栽培银杏，只能从上述资料中推测银杏应该是汉代以前最早作为园林绿化开始种植的。

二、地理分布

据资料，在北纬22°～42°银杏生长区可跨越长达2300千米的20个纬度区，东经97°～125°则跨越了长约2700千米的28个经度区。在这些地区的温带、暖温带和亚热带，以及长江流域以南到黄河沿岸都有分布，从辽宁的丹东、抚顺、沈阳、阜新，以及河北的承德、张家口，经过恒山、五台山、吕梁山、延安、兰州，再向南沿岷山、邛崃山、贡嘎山到达云南的高黎贡山，再沿着中国、缅甸、老挝和越南的边界再向东经过友谊关到南宁、汕头以及台湾地区的南投、台北阿里山，台湾大学溪头营林区和浙江的普陀等地都有分布，气候的影响使银杏形成了这种分布格局。

银杏的垂直分布受纬度及海拔梯度的影响和制约。银杏在山东省的分布最高海拔为1100米，四川1600米。多数银杏分布在400～1200米之间，云南、甘肃等个别山区，海拔3000米的小环境也有银杏分布，银杏种子生产区分布也受人为因素的影响，江苏的邳州市和山东郯城海拔22～40米的平坦地区也能栽培银杏。银杏多呈点片状分布，自然因素起决定作用，偶尔也受人为因素的干预。

据说，清代李鸿章曾以银杏馈赠美国政府。1985年，前国家副主席李先念去加拿大访问时，特在总督府种植了银杏树以作纪念。如今在意大利、澳大利亚等20多个国家都有中国的银杏繁衍，银杏的现代分布区不断扩大，也在不断为人类做出更大的贡献。

第二节 经济价值

一、园林绿化

多种资料证明，中国最早栽培银杏。银杏除了药用外，不可用作园林绿化和观赏。银杏雄伟挺拔，葱茏庄重，叶形奇特，在各地名山大川都有残存，历代庙宇寺庵也都有古老银杏树留存。银杏树寿命长、树冠大，适宜在阳光充足、土壤肥沃、排水良好的地方种植。古代人们常把银杏种植于风景名胜区和寺庵庙宇；近现代多用作公园、城市绿化树，交通道路两旁绿化树等，甚至通过人们艺术创造，扦插、压条、修剪管理，街道两旁作盆景用。

二、药用价值

据《中华人民共和国药典（2015 年版）》标准，银杏叶为：杂质不得超过 2%（通则 2301），水分不得超过 12%（通则 0832 第二法），总灰分不得超过 10.0%（通则 2302），酸不溶性灰分不得超过 2.0%（通则 2302），浸出物不得少于 25%（通则 2201），总黄酮醇苷（通则 0512）不得少于 0.40%，萜类内酯（通则 0512）测定不得少于 0.25%，甘、苦、涩、平。归心、肺经。活血化瘀，通络止痛，敛肺平喘，化浊降脂，用于治疗瘀血阻络、胸痹心痛、中风偏瘫、肺虚咳喘、高脂血症。

在珠江源头炎方来远村由云南希美康农业开发公司种植的银杏叶，通过了业内领先的 Agilent 1260 infinity ii 高效液相色谱仪（自动进样）、Alltech ELSD 2000 蒸发光散射检测器、Mettler – Toledo_ 高精度电子天平（0.00001 克）等仪器设备检测银杏叶黄酮、内酯的含量，银杏黄酮平均含量有 1.45% 左右，内酯平均含量有 0.44% 左右。山东、浙江等地通过多点检测，总黄酮醇苷一般达 1.0% 左右，萜类内酯一般达 0.4% 左右，都高于药典标准，但珠江源头沾益区种植的银杏叶含量较高，药用效果优势明显，发展潜力及空间较大。

第二章　生物学特性

第一节　生长发育特性

因受树龄、产地条件、栽培管理水平、气候条件等因素影响，各地银杏的生长发育是不一致的。在长江流域以南，银杏的根系 3 月上旬开始活动，12 月份停止生长，生长期为 260 天左右。在珠江源头的沾益，银杏的根系立春节令就开始活动，生长期可长达 300 天左右。北方气温较低，根系活动晚，停止生长早，生育期为 220 天左右。根系生长每年有两个阶段：第一个阶段为 5 月上旬至 7 月中旬，持续约 70 天左右，此时气候温暖湿润，银杏枝繁叶茂，促进了根系生长，生长量可达数十厘米；第二个阶段在 10 月中旬至 11 月下旬，约 40 天，此时叶片逐渐变色，光合作用逐渐减弱，根系生长量也减少。

银杏在落叶乔木中，生长周期最长，根据雌性生长发育特点，可将生命周期粗略分为 4 个阶段：幼年期，为 16 年树龄前的银杏，此期大量抽生新梢，形成由树干和主、侧枝构成的树冠；初花期，为 16 ~ 50 年树龄的银杏，此期长枝抽生仍很旺盛，长枝中下部发生的短枝，开始成花结种；盛种期，为 50 ~ 500 年树龄的银杏，在此期短枝数量增加，大量结种，产量稳定；老龄期，500 年树龄以后的银杏，此期枝梢生长逐渐减少，短枝死亡率增加，种子产量下降，枝干增粗，生长基本停止，有的已经死亡。

第二节　开花结种习性

银杏的雄花芽在头年 7 月份分化，偶有当年分化者，在 4 月初芽萌动时，从短枝芽鳞中抽生出短粗的单生雄花，其花穗和花柄逐渐膨大延伸，呈绿色荑荑花序状，成熟后为黄色。雄花开放后，其上蔟生的叶片相继展开，属于"先花后叶"型。据调查，当年生短枝平均有雄花3~6序。4月中下旬花粉粒即"雄配子体"成熟并随风散播。

银杏的雌花芽花在上一年6月中下旬分化，雌花与叶片在4月上旬同时开放，每个短枝平均雌花4~7朵，雌花是长柄，柄端有1对胚珠，也有3~4对胚珠，甚至更多，呈聚伞状排列，一些学者这些认为是返祖现象。胚珠通常只有1个成熟，多数不成熟而早期脱落。胚珠绿色，开花后10天左右珠孔分泌黏性水滴，称"性水"，表明雌花已经成熟并可以授粉。雌花授粉后，性水消失，花粉粒变成圆球状，7天左右花粉管萌发并不断分枝，大量分枝填满了珠心，在种子形态成熟实收时，银杏的胚尚未成熟，约经过60天胚才成熟，在不同气候地区，银杏从授粉至种子内的胚完全成熟，需要200天左右。

第三节　生态环境要求

一、温　度

银杏对温度的适应范围较广，在温带和亚热带的气候区，年平均温度在8℃~20℃范围内都能生长，但以16℃最适合，大多数银杏生长或产业发展地区的年均温度都在14℃~18℃之间，温度过高或过低对银杏的生长都不利。银杏在秋季落叶后至春季萌动前，经过一段时间的低温后，银杏自然休眠结束，进入生长发育的年周期。能耐受-18℃~-20℃的低温，短期能忍受-32℃寒冷天气，不会发生冻害，但若低温持续时间过长，银杏受冻，甚至死亡，例如在辽宁省沈阳市，冬季绝对最低温度-32℃条件下试种时，小苗容易冻死，大树枝条发生冻害，树皮冻裂，虽然能够生长但生长量小，树势较弱。若长期高温天气，例如广东省广州市，年平均温度达21.8℃，1月份的日平均温度13.4℃，不能满足对低温的要求，也不能正常生长发育，台北市年平均温度高达22.3℃，银杏生长很差，多呈灌木状。土壤温度对银杏的生长也有较大的影响。当土层 10 厘米处温度超过 6℃时，根系开始活动，土层 25 厘米深处温度为 12℃左右时新根大量形成，新根生长最适宜的土壤温度为 15℃～18℃，在 23℃以上时根系活动受到限制。

二、水　分

银杏是喜空气湿润的树种，也能耐适度的干旱。银杏自然分布的商品生产地区，年降水量在 460～1600 毫米之间。银杏根、茎、枝、叶的含水量为 50%左右，果实含水量约为 80%。它的生命活动以水为介质进行，水分能使树体各器官保持膨胀和新鲜状态。银杏根系发达，依靠根压吸水以供给各器官水分。银杏生长最适宜的土壤相对含水量为 70%左右。

三、光　照

光照强度、光质、光照时间等会影响先银杏的光合作用。银杏有 90%～95%的干物质是通过光合作用形成的，其中种子的干物质含量占总光合作用产物的 30%～40%。银杏是喜光植物，较强的光照才能满足其光合作用的需要。光照对银杏树体生长影响很大，光照不足导致光合作用强度低，有机养分积累少，甚至影响到枝叶和根系的生长，使树势减弱，容易发生病虫害，且因有机养分不够，也会影响花芽分化、开花数量、坐果率和商品质量等。

四、土　壤

土壤由各种岩石、土壤母质分化而成。土壤一般分为 4 类，即沙土类、壤土类、黏土类和砾土类，受气候、地形、生物等因子影响，各类土壤的物理化学性质和团粒结构都不相同。银杏对土壤的要求不是很严，但最适宜生长的为沙壤土和河滩冲积的沙土。

银杏对土壤酸碱度的适应范围为 pH 值 4.5～8.5。不同品种的适应能力不同。最适合的土壤酸碱度为 pH 值 6.5～7.5。酸碱度过高或过低都会影响根系生长。土壤的含盐量高时也不利于根系的生长发育，会导致地上部树势衰弱，嫩叶和枝梢枯黄，或引起早期落叶而逐渐死亡。土壤的含盐量在0.01%时银杏能正常生长。

五、其他因素

1. 风

风能影响气温、空气湿度以及叶片的蒸腾作用和光合作用，进而影响银杏的生理活动，以及各器官的生长发育，如叶片变小、果实不能充分成熟、树体变矮等。风速会使银杏体内水分平衡失调，引起落叶、落花、落果现象。风速会影响树干年轮的正常形成，迎风面的年轮小而密，背风面的年轮粗而宽，木材切面变成偏心从而降低了木材质量和利用价值。常年定向强风还会使树冠偏斜（俗称"旗冠"），因此种植银杏要避开风口和台风等常发生的地区。此外，早春寒流会使萌发的幼芽冻死。冬季的积雪会压断银杏的大枝，从而使树冠不整齐。

2. 污染

银杏对二氧化硫、氯气、氟化氢的抗性都很差。南京、沈阳、北京等地有关科研单位试验表明，银杏叶片中含硫量在0.8%~0.9%时，叶绿体会被伤害，叶面出现灰黄色伤斑；含硫量达到1%时，会使全叶受害而落叶，雌株不结果。银杏对臭氧的抗性较强，即使叶片受害后仍有萌发力。作为绿化的街道树，也应选在污染较轻的地方种植，而作为一种产业发展则选择远离污染源的地区。

第三章　栽培技术

第一节　苗木繁育

一、有性繁殖

有性繁殖即种子繁殖。种子繁殖于 10—11 月选优质、丰产、抗逆性强、树龄为 40～100 年的银杏作采种母树，采千粒重在 320～400 粒的大籽粒种子，可连皮冬播。若进行春播，则宜除去种皮沙藏催芽。苗床宜选择地势平坦、背风向阳、排灌条件良好、pH 值 5.5～7 的壤土或沙壤土的地块，苗床长 10～15 米、宽 1.2 米，高垄低墒。每亩用充分腐熟的农家肥 3000 至 4000 千克，按 5×5 厘米进行点播，每平方米播 400 粒种子，覆盖 2 厘米左右厚的消毒过的细土，保持土壤湿润，但忌水涝。苗高 10 厘米时适当间苗、除草、松土。一般第 1 年苗高 30～40 厘米，翌年春前移栽，2～3 年苗高约 60～100 厘米时，即可出圃定植。

二、无性繁殖

用植物营养器官繁殖的方法，称无性繁殖，此法能保持母株的优良性状，成本较低，繁殖系数高。

1. 扦插繁殖

扦插时间以春季植株萌芽前最好。选择 10～20 年树龄的优良品种作为母树，在树冠中上部采集当年生半木质化枝条作插穗，剪成 15～20 厘米长，上端剪口平齐，下端剪成斜面。按 10 厘米×5 厘米的行株距，每平方米可插 200 株，插穗入土 2/3～3/4，使插穗基部与基质紧密接触，然后浇水保湿保温。一般插穗 7～10 天即可形成愈伤组织，20 多天生根，成活率可达 80%。

2. 嫁接繁殖

在立春前后，选取 10～30 年生长健壮雌株上已生长 2～3 年的枝条，并具有 2～3 个芽的短枝作接穗，砧木用 8～10 年生、胸径 8～10 厘米的实生苗或分株苗。于距地面 1.5～2 厘米处将砧木锯断，然后修平锯口，并用尖刀剥开长约 6 厘米的砧木皮，涂及木质部的接口缝，再向两端挑开树皮，然后将接穗削成三棱形接面，插入砧木的木质部，用塑料膜包好，经常保持湿润，成活率可达 95% 以上，嫁接后二年即可移栽。

第二节　大田移栽

银杏大田移栽宜选择背风向阳，土质肥沃、团粒结构良好、pH 值在 6.5 左右的壤土或沙质壤土，交通方便，远离污染严重的工厂、矿山等地块。

图 1-1　银杏套种当归

移栽密度根据生产方式来决定，一般早春萌芽前进行移栽，按株行距 6 米 ×5 米或 8 米 ×7 米挖穴栽种。穴宽 60 厘米，深 40～50 厘米，按雄雌株 1:20 配种，以便授粉。若为采叶，可按株行距（60～80）厘

米 × (60~80) 厘米进行栽植。为了提高土地利用率，以短养长，在不影响银杏正常生长的情况下，可在行间套种一些矮秆的中药材，例如：珠江源头的来远村在银杏移栽前4~5年内，套种当归、桔梗、黄芩等中药材，获得了较好的经济效益。

图1-2 银杏套种桔梗

第三节 栽后管理

一、施 肥

银杏在生长发育的不同阶段需要吸收各种营养元素，最多的为氮、磷、钾元素，主要从土壤中吸收。氮元素是蛋白质、叶绿素和氨基酸的重要成分，促进根、枝、叶的营养生长有利于花芽分化和果实肥大。磷元素是原生质体和细胞粒的主要成分，促进花芽分化、新根生长，增强根系吸收能力，有利于授粉受精，增强抗寒越冬能力。钾元素能促进氮的吸收和蛋白质的合成、转化及光合作用，加强树体营养生长，促进新梢成熟，提高种子质量及树体抗寒、抗旱、抗高温和抗病虫害的能力。这些元素不足或过多都会影响银杏新陈代谢，导致生理失调。

幼树采用环状沟施肥，每年追肥2次，夏季施尿素、过磷酸钙等肥料，落叶后冬施圈肥。10 年以上大树，早春萌芽前及 6 – 7 月再追施尿素、过磷酸钙一两次，落叶前后复株施圈肥 30 ~ 50 千克，以满足银杏对养分的需要。

二、灌水和排水

1. 灌　水

银杏在各生长发育时期都要有充足的水分。树体各器官如种子中有 70% ~ 80% 的重量为水分。树体各种功能活动，如光合作用、有机物质积累都要有水分参与，降水量不足、灌水不及时会导致银杏树体新陈代谢减弱，营养生长和生殖生长受到抑制，尤其在新梢迅速生长、种子膨大和根系活动旺盛时期缺水，会发生枝叶萎蔫、提前落叶、降低品质、减少产量，甚至造成死亡现象。因此，要根据银杏不同的发育阶段和土壤干湿程度及时灌水。灌水量要根据树体大小、根系分布、土壤性质及土壤含水量等因素确定。灌水要让水分渗透到根系的主要分布层中，成年银杏根系分布层的土壤含水量以田间最大持水量的 70% ~ 80% 为宜。

2. 排　水

银杏喜湿怕涝，其根系如果在 15 厘米深处连续积水 10 天，树体就会落叶烂根，严重者甚至导致死亡。因此，在选园址时，要设计排水系统，园地周围要开排水沟；在降雨或大量灌水后要及时排水，严防积水。

三、中耕除草

在雨后或灌水后应及时中耕，防止土壤板结，保持土壤疏松。中耕深度在 10 厘米左右。结合春夏秋中耕，除去杂草。除草要早而且要彻底。为节省劳力也可用化学药剂除草。除草剂的种类和剂型很多，原则上选择低毒低残留的除草剂，避免农残超标。施用除草剂要，选择晴天无风、施药后 12 ~ 48 小时内无雨的天气，喷雾或喷粉都要均匀。

四、修　剪

生长期要注意剪去枯枝和密枝以及细弱和病虫枝，夏季摘心以促分枝生长，结果后剪除衰老短枝。经过修剪，树形呈矮干，多主枝，分枝分布均匀、疏密紧凑，树冠上小下大、圆形，以保证树冠通风透光良好。

五、人工授粉

银杏为雌雄异株植物，以风媒授粉为主，在花期常因风力风向、气温、雨雾等气候因素影响授粉。一般雄花较雌花早4~5天，两者花期不遇，加上银杏花粉的生命力很短，因此授粉时间很短。进行人工授粉是一项成本低、效益高，提高坐果率、增加产量的一种行之有效的方法。待雄株的花序由绿色变为淡黄色时采集花粉，按1:250比例与水混合，待雌花尖端有湿润珠状小点时用高压喷雾器进行喷洒，此时授粉效果最好。

第四章　病虫害防治

第一节　主要病害防治

一、茎腐病

茎腐病俗称苗枯病，由半知菌类球壳孢目的病原菌引起。

1. 症　状

1~2年生苗，茎基部外皮呈黑褐色，逐渐内陷皱缩，内皮层输导组织坏死腐烂，皮层与初生木质部脱落，呈海绵状或粉末状。严重者木质部腐烂呈褐色束状，叶片失绿，萎蔫下垂但不脱落，最后全株死亡。

2. 发病规律

茎腐病多发生于炎热高温、雨水较多地区，或夏季炎热、土壤温度高的地区。苗木茎基部受损伤后也易发病。低洼积水，苗木生长不良时，发病更为严重。苗木木质化程度低，该病发病率就越高，7—8月份为茎腐病发病高峰期。

3. 防治方法

（1）农业防治。提早播种，在土壤解冻后即播种，到该病的发病高峰期，苗木已呈木质化，能抵抗该病病菌，合理密植，降低地温，播种前精细耕地，杀灭地下害虫，防止苗木受伤害；发现病株及时拔除和清理。（2）生物防治。发病前用豆饼或草木灰与过磷酸钙混合施肥，草木灰与过磷酸钙混合比例为4：1，同时加入拮抗性放线菌，能有效抵制病菌蔓延，降低发病率。（3）化学防治。整地时用2%~3%硫酸亚铁溶液喷洒土壤，或用50%福美双可湿性粉剂8~10克加细土10~15千克拌匀，用1/3作垫土，播种后用剩下的2/3覆盖。在发病初期用50%福美双可湿性粉剂500~750倍液，每隔10天左右喷洒1次，连续

2～3 次，或用 50% 多菌灵可湿性粉剂 1000 倍液，每隔 10～15 天喷洒 1 次，连续喷 2～3 次，也可以用 70% 甲基硫菌灵可湿性粉剂 800～1000 倍液等喷洒，都能有效防治病菌蔓延。

二、叶枯病

银杏叶枯病是由真菌引起的病害，在苗木或成年树上都会发生，苗木染病率高于成年树，雌性发病率高于雄性。根系受到伤害，植株生长发育不良的，更容易感染。

1. 症　状

从叶缘开始，叶缘上面有灰褐色呈纵行排列成小黑点的病斑，逐渐蔓延至叶片表面和背面。在潮湿环境下其突起的黑点呈橘红色。7—10 月份病斑呈不明显轮纹状。染病轻者叶片早落，重者叶片全部脱落而成光秃树冠。

2. 防治方法

图 1-3　银杏叶枯病

（1）加强田间管理。培育壮苗，增强树势；适时修剪，保持通风透光良好。（2）药剂防治。发病初期用 50% 多菌灵可湿性粉剂 600 ~ 800 倍液喷雾，或 70% 代森锰锌可湿性粉剂 400 ~ 600 倍液均匀喷洒，也可用 1∶2∶200 倍波尔多液喷洒，根据病情和气候状况间隔 10 ~ 15 天喷洒 1 次，连续喷洒至病愈，或与其他杀菌剂交替使用效果更好。

三、猝倒病

猝倒病是常见的苗期病害，从播种到幼苗木质化前都会有症状，全株迅速倒伏是典型症状。猝倒病的病原菌多而杂，能长期在土壤中生存。高温多雨、排水不畅的苗圃地常会突然暴发猝倒病。6—9 月份为发生猝倒病最旺盛期。

防治方法：（1）苗圃选择。选择土壤土层深厚、团粒结构良好的沙质壤土、能灌能排的地块作苗圃。（2）土壤处理。用 75% 敌磺钠可湿性粉剂 3 ~ 4 千克与 600 ~ 800 千克细沙土拌匀成药土进行垫土和覆土。（3）种子处理。将选好的健康种子进行消毒种子消毒可选用敌磺钠、多菌灵、波尔多液等都可进行消毒处理。种子消费后再合理密植，适时播种。

四、褐斑病

褐斑病主要是由立枯丝梭菌引起的真菌病害，危害银杏叶片。发病初期叶片上出现红褐色并具有暗色边缘的圆形小斑，随后沿叶脉扩展，多数病斑可形成不规则的大病斑，最后覆盖叶片的大部分，病斑两面散生黑色小粒点。发病严重时，叶片早期脱落，植株生长发育较差，影响抽发新梢。

防治方法：（1）加强田间管理。提高植株抗病性，冬季做好清园工作，减少越冬菌源。（2）药剂防治。发病初期可用 65% 代森锌 600 ~ 800 倍液或波尔多液交替使用 2 ~ 3 次即可防治。

第二节　主要虫害防治

一、银杏大蚕蛾

银杏大蚕蛾属鳞翅目大蚕蛾科，又名白果蚕，分布较广，主要危害是幼虫蛀食叶片，危害严重区会导致银杏树死亡。

防治方法：（1）灯光诱杀。利用成虫趋光性，在雌蛾产卵前用黑光灯诱杀。将采集到卵块、茧和捕捉的成虫一起集中烧毁。（2）释放赤眼蜂等天敌，其寄生率超过 80%。（3）利用三龄前幼虫抵抗力弱和有群集性的特点，可用 90% 敌百虫可湿性粉剂 1500～2000 倍液，或 50% 敌敌畏乳油 1500～2000 倍液喷洒。对于老龄幼虫，可将上述两种药剂的浓度提高至 500～1000 倍液喷洒，效果较好。

图 1-4　银杏大蚕蛾

二、银杏超小卷叶蛾

超小卷叶蛾属于鳞翅目小卷蛾科，它是银杏的主要害虫，分布较广，每年发生 1 代，以蛹越冬；4 月上旬前成虫羽化，交配产卵，4 月下旬幼虫开始潜伏在叶痕凹陷处，从叶柄基部蛀入，向枝钻食后的虫道达 20~30 毫米。每一幼虫可食 2 条枝，约 1 个月转去啃食叶肉。每次取食叶片约 1.5 厘米，再经 2 周，幼虫爬上树干主食树皮，至 11 月中旬作茧化蛹。受害银杏表现为落叶、落果症状，翌年芽不萌发而枯死。老龄银杏受害更严重。

图 1 - 5 银杏超小卷叶蛾

防治方法：（1）4—6 月份剪除被害树条烧毁，随时清扫枯叶，保持田园清洁。（2）药剂防治。在成虫羽化盛期用 80% 敌敌畏乳油 800 倍液，或用 48% 毒死蜱乳油 1000~2000 倍液喷洒叶面进行防治。

三、茶黄蓟马

茶黄蓟马在许多银杏产区都有发生，主要危害为幼虫期危害苗木，成年危害树叶片和新梢。常聚集在叶背面吸食嫩叶汁液。开始时叶片失绿，后逐渐枯干，造成叶片提早脱落。

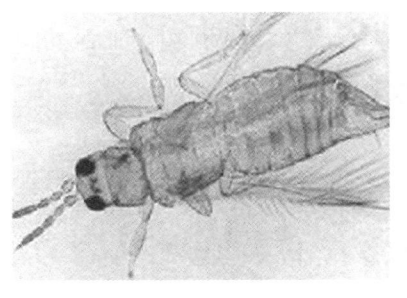

图 1 - 6　茶黄蓟马

防治方法：（1）加强管理，促进树体健壮，增强树势。（2）药剂防治。在虫害发生前期，交替使用 80% 敌敌畏乳油 800 倍液和 40% 乐果乳油 1000 倍液，连续喷药 2~3 次，效果较好。

第五章　采收与初加工

第一节　种子采收与初加工

通常银杏种皮由绿色转为淡黄色或橙黄色，种皮松软、被白霜，柄基部形成离层，开始自然落地，且落地量约占全部种子的5%时，说明种子已成熟，可以采收。在矮干密植产区，用人工或器具直接在树冠上采摘。银杏为成年大树时，在大树下铺上采种布或塑料膜，在竹竿上端装上采种钩，钩住树枝，用力摇动枝干，击落种子。将采收的种子运输到晾晒场地，晒干或晾干后即可出售。用作种子育苗，也可用作药用原料。

第二节　叶片采收与初加工

一般银杏叶采收在每年7—11月份，具体时间根据叶片有效成分含量和生产需求确定。选择晴天进行采收。采收时，采用人工在行间铺上干净的油布，将采摘银杏叶放于油布上。树枝上的银杏叶要采收干净，不得有残留，不得折断枝条，不可损坏枝条芽头。将油布上的银杏鲜叶分装在干净的袋子里，每袋装10~40千克/，封口封好，运回指定地点过磅，然后运送到指定的烘干场所。将一定量的鲜银杏叶通过输送机送入烘干设备，经45千瓦的引风机，将锅炉里由天然气燃烧产生的热量送至滚筒，温度控制在905℃~935℃。经滚筒除湿烘干，叶子再到旋风分离器收集、散热，经过10~15分钟出料，出料口的温度100℃~120℃。通过旋风分配阀出料，最后通过输送机传输、散热，经检验合格后分装、入库。经过深加工，提取药用成分，制成不同药剂。根据需要制成银杏叶茶、银杏牙膏、银杏化妆品、银杏面条等系列产品，满足市场需求，改善人类生活条件。

第二篇

一年生当归规范化栽培技术

◎ 概　　述

◎ 生物学特性

◎ 栽培技术

◎ 病虫害防治

◎ 采收与初加工

第一章 概 述

当归，别名秦归、云归，为伞形科植物当归〔Angelica sinensis (Oliv.) Diels〕的干燥根。羽状复叶，花白色，复伞形花序。有许多细根，果实长椭圆形，整个植物有特殊香气。当归为高山植物，生于海拔2000～3300米、气候凉爽、湿润的高寒山区。当归要求凉爽、湿润的气候条件，具有喜肥、怕涝、怕高温的特性，适宜在土壤肥沃、质地疏松、排水良好、富含有机质的中性或微酸性壤土上生长，忌连作。当归素有"十方九归"之称，为常用大宗中药，1985年被列为国家计划管理品种，以后实行计划指导和市场调节，同时是我国大宗的传统出口商品，主要由甘肃调节供应，其次为四川、云南、湖北等省。

第一节 栽培历史及地理分布

一、栽培历史

我国最早的"药典"——《唐本草》中就有"今出当归，宕州、翼州、松州，宕州最胜"的记载。据考证，当时的宕州即现在甘肃省的宕昌和岷县一带。早在宋代就有栽培当归的记载。我国伟大的医学家李时珍在其医著《本草纲目》中写道："当归，今陕、蜀、秦州、汶州诸处，人多栽莳为货。"可见明朝时当归已广泛栽种。"当归生陇西川谷四阳（五阳今漳县、岷阳今岷县、首阳今渭源、洮阳今临洮）"，说明原产地在甘肃省的洮岷山区，而且在岷县县志（康熙《岷州志·卷二·物产》）、渭源县志（民国《创修渭源县志·卷二·物产》）、西和县志（乾隆《西和县新志·卷二·物产》）、礼县县志（光绪《礼县新志·卷二·物产》）等县志中均有栽培当归的记载。

二、地理分布

在我国，当归野生资源仅分布于甘肃漳县、舟曲境内人迹罕至的高山丛林。目前商品当归全部来源于人工栽培，当归主要生产于西北和西南地区，分布于甘肃省的岷县、宕昌、渭源、漳县及武都、文县、卓尼、临洮等地，产量占全国当归产量的 80% 以上；云南省维西、德钦、中甸、兰坪等县产量次之；其次，四川省南坪、平武、宝兴县及陕西省陇县、平利县产量亦较大，质量亦佳，称"云归"。宁夏、青海、贵州、陕西、湖北等省也有少量生产。甘肃当归栽培历史悠久，产量最大，质量最佳，栽培历史也最久（1500 年以上），而甘肃的当归又数岷县当归（又称岷归）质量为上乘。

第二节　功效及应用

当归为多年生草本植物，以干燥的根入药，主产于甘肃、云南、四川等省。

一、性　状

当归的根头（归头）粗短，略呈圆柱形，长为 1.5～3.5 厘米，直径为 1.5～3 厘米，下端参差分出数十条歪曲的枝根（归尾），长为 10～22 厘米，直径为 0.4～1 厘米。表面为黄棕色或暗棕色，横缺面为黄白色或淡黄棕色，香气浓厚特异，味甜微苦，有麻舌感。

二、化学成分

每一种中药材都含有很多成分，在这些成分中，部分具有明显生物活性并起医疗作用的，被称为有效成分，如生物碱、苷类、挥发油、氨基酸等。当归含挥发油与非挥发性成分两类。挥发油又称精油，是一类具挥发性可随水蒸气蒸馏出的油状液体，大部分具有香气，成分复杂。中药材的挥发油都有祛风邪和局部刺激作用。当归含挥发油 0.4%，其中中性油占总油的 88%，主要有本内酯、正丁烯夫内酯等 19 种中性挥发油。当归非挥发性成分中含阿魏酸、丁二酸、烟酸、尿嘧啶、腺嘌呤等成分。

三、药理作用

当归具有兴奋和抑制子宫平滑肌的双向作用。当归中的阿魏酸钠具有抑制血小板聚集、抗血栓形成、抗贫血，促进血红蛋白和红细胞生成的作用。

四、药用价值

当归一直用作妇科主药，具有补血、活血、调经、润燥、滑肠的功能，用于月经不调、贫血、经闭、崩漏、产后腹痛、血虚、肠燥便秘、跌扑损伤、痛疽疮疡等症。

到了近现代，随着现代药理技术在中医药中的应用，人们对当归的药理作用及其临床应用进行了大量的研究。已知当归的主要成分有挥发油、亚叶酸、烟酸、蔗糖、卜谷幽醇、维生素 B_{12} 等，并从水溶性部分中分离出阿魏酸、丁二酸、尿啥咤和腺嘧吟等。动物实验表明当归具有抗恶性贫血、"双向性"调节子宫、保护肝脏、镇静、镇痛和消炎等作用。现代化的当归制剂也被用于临床，如当归流浸膏或浸膏片剂治月经不调、复方当归注射液（当归、川芎、红花）治冠心病等效果良好。以当归配伍为主的一些古方，使用范围逐渐扩大，如补血调经常用方剂四物汤，除用于调经补血外，还可治疗荨麻疹、血管神经性水肿等病症。近 20 年来，中医药事业蓬勃发展，创制了许多以当归为主的复方。如关幼波的补气养血汤用于气血两虚型慢性迁延性肝炎、早期肝硬化。新方二仙汤（仙茅、淫羊藿、当归、巴戟天、黄檗、知母）用于阴阳俱虚型更年期高血压及更年期综合征。以上这些在很大程度上丰富了当归的临床运用。

当归的功效是中医药在长期的临床运用中总结而来的。当归的功效认识有一个历史过程，从长期的实践中逐步总结出了当归的功效：补血、活血、调经、润肠通便、消肿排脓。

第三节 种植情况

当归喜凉爽、湿润的气候，适宜在海拔 2000 米以上高寒潮湿山区生长，主产于甘肃省岷县、宕昌、渭源、漳县等地。目前我国商品当归主要集中种植于陇南山地，滇西北高原及滇东北高原山地。甘肃是我国最大的当归产区，年产量占全国的 80% 以上。甘肃岷县、宕昌栽培历史悠久，形成了著名的"秦归"基地。

受市场价格及政府政策引导的影响，云南部分地区先后进行引种，曲靖市沾益区已成为近年来新发展的主产区。2002 年，曲靖市沾益区播乐乡引进当归进行试种，针对当归做了营养袋育苗、假植育苗、种植密度、病虫草害防治等大量基础性的试验研究工作。2003 年云南省曲靖市沾益区播乐乡成功种植一年生当归，云南云药试验室有限公司化验其有效成分，完全符合中国药典的规定，在此基础上加以示范、推广，面积逐年递增。沾益区 11 个乡（镇、街道）皆有多年种植当归的经验，各农业服务中心都有相应的专业技术人员可适时对中药材生产的各个环节进行科学指导和科技培训。沾益一年生当归发展迅速，目前种植面积稳定在 2 万多亩，2008 年曾发展到 3 万余亩。2008 年沾益县被云南省药监局定为"云南省中药材产业示范县"，曲靖市委、市政府定为中药材重点发展规划县；2009 年被定为云南省首批"云药之乡"。2013 年培育出新品种"云当归 1 号"，2014 年"云当归 1 号"通过国家 GAP 认证；2017 年授予滇益康牌当归为云南名牌产品；2018 年中华中医药学会发布"道地药材·云当归"团体标准。中药材种植已经成为沾益助农增收、促进农村经济发展的特色产业。云南省曲靖市沾益一年生当归发展迅速，成为全国最大的一年生当归生产基地区并辐射带动曲靖周边会泽县、宣威市、师宗县、陆良县发展当归。目前曲靖市已发展当归种植 4 万亩，成为云南省新兴的"云归"生产之地。沾益多年来因地制宜地开展了多地、多因素的各种试验示范工作，其中，育苗试验经历了大田直播，苗床育苗移栽，营养袋育苗移栽。在苗床育苗、营养袋假植再移栽的过程中，在确保当归药用成分含量的前提下，研究探索出了一套较为完善的育苗技术，解决了当归种植的种苗问题，通过薄膜覆盖、假植育苗等方式有效地缩短了当归的生育期，由二年生变为一年生，总结和完善了《沾益区当归标准化种植技术规程》，并在生产上推广应用。

当归为我国大宗常用中药材，药食两用，市场需求量大，仅靠野生资源无法满足人们的用药所需。当归适宜高山栽培，不与粮争地，是开发山区经济的重要途径。当归也是我国大宗的传统出口商品，甘肃每年出口创汇就高达 2030 万美元。随着我国中医药事业的发展以及当归的深度开发研究，当归需求量将不断增多，前景会更加喜人。

第四节　发展前景

一、中药材产业发展前景好

中药材产业发展前景好有以下几个方面的原因：一是人类文明由工业文明走向知识文明，以生物制药和天然药物为主流的医药与知识相伴而生并走向繁荣，未来的医药市场属于天然药物，天然药物面临历史的发展机遇。二是我国经济持续保持稳定增长，中药产业的发展速度也会提高。三是中国加入世界贸易组织，打开国门，加快世界经济一体化的进程。四是在乡村振兴中，中药材产业将是一个重要的特色产业。五是21 世纪是知识经济时代，以最先进的科技成果武装中药材产业，中药材产业将迅速发展。

二、中药材行业内部的重大举措将对中药材市场产生积极影响

（1）国家《药品管理法》的修订和公布，将进一步规范中药材市场，打击假冒伪劣药品。

（2）中成药工业企业的兼并、重组、改制，出现大型企业集团，它们将作为龙头带动中药材产业的腾飞。

（3）中药材生产的规模化、标准化建设将促进中药材生产的进一步规模化和相对集中。

（4）中药材产业的信息化发展，将使分散的 17 个中药材市场和百个产地批发市场以及千百个中药材商户骤然拉近了时空距离，都将会凝集在小小的"药材村"中。

国务院制定的《中医药发展战略规划纲要（2016—2030 年）》《国务院办公厅关于促进医药产业健康发展的指导意见》（2016 年 3 月）以及国家中医药管理局制定的《中医药发展"十三五"规划》（2016 年 8 月）、《"健康中国 2030"规划纲要》（2016 年 10 月）的相继出台，屠呦呦获国家最高科学奖，《中华人民共和国中医药法》的颁布与实施必将推动我国中医药事业的快速发展。

三、当归市场广阔

当归为我国大宗常用中药材，用量很大。商品全部来源于家种，主要由甘肃调节供应，其次为四川、云南、湖北等省，甘肃正常年产 1 万吨左右，每年出口量占全国 60%。

新中国成立后，国家对当归生产十分重视，将当归生产纳入农业生产计划，采取了一系列扶持措施，加速基地建设，生产发展很快。20 世纪 40 多年来购销均呈上升趋势。20 世纪 60 年代因受粮食生产影响，市场供应严重不足；20 世纪 70 年代有恢复发展，20 世纪 80 年代盲目种植供大于求，1983 年跌入低谷，1984 年又有回升。甘肃主产区十年九旱，受自然因素影响较大。2001 年干品价格为 1.7 ~ 2.5 元/千克，2002 年 11 月为 5 ~ 10 元/千克，2007 年沾益县当归市场价为 14 ~ 17 元/千克，2008 年降为 8 ~ 10 元/千克，2009 年与 2008 年价格持平。2010 年目前市场价为 15 ~ 16 元/千克，2011、2012 当归保持在 20 元/千克，2013 ~ 2017 年达 30 元/千克，2018 年又降到 18 元/千克左右。综上所述当归受市场因素影响巨大，所以我们在选择种植品种、面积时一定要了解市场，要因需而种，切忌盲目发展。当归的市场周期一般为 4 ~ 5 年，要搞好市场预测，使当归生产与供应协调发展。

第二章　生物学特性

第一节　植物形态特征

一、当归的根

当归的根属肉质性直根系，主根明显，根的生长随个体的发育进程而变化。当归有一年生与二年生，根据不同省份和地域，生育期也不同。当归的根一般全长可为 20～40 厘米，直径为 2～4 厘米，外皮黄白色，断面为白色，为当归的药用部分。当归根系在营养生长期间表现为肥大肉质性。在云南省曲靖市沾益区一般第一年为营养生长期。第二年进入生殖生长期，进入生殖生长期后根系变得坚硬而瘦小，失去肉质性。

二、当归的茎

当归的茎直立、基生、紫色，有明显的纵直槽纹。株高 0.5～1 米，茎上有节，一般有 5～7 节，各节均可萌发侧枝，形成一个多茎秆、多分枝的个体。当归的茎分为营养茎和花茎，营养茎存在于营养生长期，花茎存在于生殖生长期，明显的标志是茎节的分化和形成。茎节分化进入当归抽薹开花期。

三、当归的叶

当归的叶在个体发育过程中有较大的变异。种子萌发后，第一片初生叶为三出全裂的单叶，每一裂片具有 3～5 个深裂或浅裂，具长柄。第二片初生叶出现后，形态过渡到三出羽状复叶，第三片真叶出现后即从幼年期向成年期过渡。当归叶分基生叶和茎生叶，营养期生长的叶为基生叶，生殖生长期花茎的节部产生的叶为茎生叶。

四、当归的花

当归为一次开花植物，正常栽培条件下需第三年进入开花期，在云南省曲靖区沾益区第二年进入开花期。花为复伞形花序，顶生，伞梗有 10 ~ 14 枚，长短不等。每 1 小伞形花序有花 12 ~ 36 朵，细卵形，花瓣 5，白色，长卵形，雄蕊 5，子房下位 2 室。花期 6 个月左右。

五、当归的果实和种子

当归的果实为双悬果宽卵圆形，扁翅果状，长 4.5 ~ 6.5 毫米，宽 4.0 ~ 5.2 毫米。表面灰黄色或淡棕色，平滑无毛，顶端有突起的花柱基，基部呈心形。种子横切面呈长椭圆状肾形或椭圆形，胚细小，白色，埋生于种仁基部，千粒重 1.5 ~ 2 克。果期为 9 ~ 11 月份。

第二节　生物学特性

一、当归的一生

当归的一生是指从种子萌发到新的成熟种子形成的整个过程。全生育期分为育苗期、成药期和留种期。

1. 育苗期

育苗期，当归栽培的主要方式是育苗移栽。当归育苗期在曲靖市沾益区一般从 1 月下旬到 5 月中旬约 120 天，分为子床育苗期与假植育苗期、子床育苗期约 70 天，假植育苗期约 50 天。种子播种后，在温湿度适宜的条件下，10 天便可出苗。出苗初期，仅有两片披针形的小子叶；约 20 天后出现真叶，基生；70 天主根明显，充分练苗后进入假植育苗期。

2. 成药期

从育苗移栽到收获当归这段时间为成药期。栽后半个月开始返青，8 ~ 9 月份进入生长旺盛期，形成多数大型复叶，直径可达 30 厘米。进入 9 月份，地上叶片生长减慢，根系生长加快。到 11 月下旬形成 1 个肥大多分枝的肉质根。

3. 留种期

当归栽培第二年进入生殖生长阶段，其生产称留种期。当归的留种栽培方法见第二篇第三章节五节"繁种技术"。

二、种子萌发和幼苗生长

1. 种子的形态和结构

当归种子是子房受精后发育的果实。当归种子的颜色为白色，呈长卵形，全长为 0.10~0.15 厘米，宽为 0.03 厘米。种子隆起的一面称背面，扁平的一面称腹面，横截面略呈半圆形。种子内有胚乳、胚腔和胚。胚乳面积最大，约占种子的 98%，是种子储存的"营养仓库"；胚位于种仁的先端，是幼小的植株原始体，体积较小，仅占种子的 2% 左右。胚由子叶、胚芽、胚根和胚轴组成。

2. 种子萌发

当归种子在适宜的土壤水分含量、温度和空气湿度条件下开始萌发。当归种子的萌发过程分吸水膨胀阶段、物质转化阶段（萌动阶段）和发芽阶段。种子由吸胀到发芽需 5 天。

3. 出苗与生长

种子萌发后，胚根迅速伸长，并向下弯曲生长进入土中，当主根伸长为 3~4 厘米时，形成一级侧根，与此同时，胚轴伸长，伸出地面，待子叶和胚乳完全耗尽时，果皮脱落，两片长披针形子叶展开，形成幼苗。这一阶段需 10 天。当子叶长到约 2 厘米时，开始出现第一片初生叶，这时侧根往横向伸展。第二片初生叶出现后，形态过渡到三出羽状复叶，这时第一侧根出现第二级侧根。当归幼苗生长缓慢，由萌发到形成第二片初生叶需 30 多天，这时株高 30 多厘米。这一时期为当归的幼苗期。

4. 影响种子萌发、出苗的因素

（1）种子质量。当归种子发芽率随着成熟度增加而相应提高，达到腊熟的头穗种子发育充分，具有最强的发芽率，萌发速度快，但幼苗移栽后容易抽薹，一般只有当种子适度成熟时，即种子为粉白色时，即可采收。在当归种子收获时如遭受水灾或病虫害等，均可造成种子丧失发芽能力。另外，储存方式不当，储存时间过长，种子质量下降，也会丧失发芽率。在自然条件下，当归种子储存 1 年后便失去发芽能力。

（2）水分。种子储存的安全水分为 10%（0℃），当种子吸水达25% 时即可发芽，达 40% 时（饱和）发芽整齐。在当归生产上，播种前要做浸种处理，就是为种子萌发提供有利的水分，使其发芽快，出苗整齐。

（3）温度。当归种子发芽最低温度为 6℃，适温为 20℃ 左右，最高温度为 35℃。在 20℃ 以内，当归种子萌发速度随温度升高而加快。当日平均温度在 10℃ ～ 12℃ 时，播种后 5 ～ 6 天发芽，15 ～ 20 天出苗；当日平均温度在 20 ～ 24℃ 时，播后 4 天发芽，7 ～ 15 天出苗。

（4）当归种子萌发时呼吸作用强烈，需充足的氧气，所以浸种时间不能过长，如直接撒播，应保证土壤有良好的通气条件。

三、营养生长期

当归幼苗的生长出现第三片真叶后，植株便由幼年期过渡到成年期。这一时期主要包括当归的育苗后期和成药期，为当归的整个营养生长期。在人工栽培条件下，按其生长特点，营养生长期可分为成苗期、叶生长期、根增长期 3 个时期（在云南省曲靖市沾益区本地）。

1. 成苗期（假植育苗期）

从幼苗过渡到成年期，时间为 80 ～ 90 天（在曲靖市沾益区即为假植育苗期），这一阶段为成苗期。在这期间当归的营养生长较为缓慢，到成苗时（移栽前）可形成 4 ～ 5 片羽状复叶，主根继续增粗和伸长。

2. 叶生长期

叶生长期在移栽后 2 个月左右，在曲靖市沾益为 5 月下旬到 8 月上旬。这一时期叶片迅速增多，主根直径也开始增粗，产生新的侧根，第一级侧根开始肉质化。

3. 根增长期

到 8 月下旬气温开始降低，当归的叶片伸展到最大值，主根和侧根迅速增粗，并肉质化。根增长期可到 11 月上旬，11 月下旬开始枯萎。

四、当归的生殖生长期

当归的繁种一般在第二年的一月，采用留种或选择健壮的当归做种移栽。当归的育种阶段即为当归的生殖生长期。

第三节　含量测定

当归的主要化学成分有苯肽美化合物、香豆类素、黄酮类、有机酸类。阿魏酸是较早分离和鉴定出的当归有效成分，也是当归有机酸类的主要成分之一。

一、显微性状

1. 横切面

木栓层为数列细胞。栓内层窄，有少数油室。韧皮部宽广，多裂隙，油室和油管类呈圆形，直径 25 ~ 160 微米。外侧较大，向内渐小，周围分泌细胞有 6 ~ 9 个。形成层成环。木质部射线宽 3 ~ 5 列细胞；导管单个散在或 2 ~ 3 个相聚，呈放射状排列；薄壁细胞含淀粉粒。

2. 粉末特征

粉末淡黄棕色。韧皮薄壁细胞纺锤形，壁略厚，表面有极微细的斜向交错纹理，有时可见菲薄的横隔。梯纹导管和网纹导管多见，直径约为 80 微米。有时可见油室碎片。

二、含量测定

【检查】水分不得过 15.0%（通则 0832 第四法）。

总灰分不得过7.0%（通则2302）。

酸不溶性灰分不得过2.0%（通则2302）。

【浸出物】照醇溶性浸出物测定法（通则2201）项下的热浸法测定，用70%乙醇作溶剂，不得少于45.0%。

【含量测定】挥发油照挥发油测定法（通则2204乙法）测定。本品含挥发油不得少于0.4%（ml/g）。

阿魏酸照高效液相色谱法（通则0512）测定。本品按干燥品计算，含阿魏酸（$C_{10}H_{10}O_4$）不得少于0.05%。

三、曲靖市沾益区生产的当归与其他道地药材产区当归质量比较

1. 曲靖市沾益区当归检测情况

2009年曲靖市食品药品检验所对来自沾益县炎方乡、大坡乡、菱角乡及播乐乡4个乡的一年生当归样品进行检测，检测结果为：总灰分4.48%~6.31%，酸不溶性灰分0.02%~0.68%，浸出物48%~56%，挥发油0.4%~0.76%，阿魏酸0.2%~0.32%。各项指标测定值均符合《中国药典》（2010版）对当归药材的规定（挥发油不少于0.4%，阿魏酸不少于0.05%）。曲靖市沾益区生产的一年生当归质量合格。

2. 挥发油含量及组成比较

2012年搜集甘肃省岷县与云南省沾益县当归，经云南省曲靖市食品药品检验所按《中国药典》（2010年版）附录XD（挥发油测定乙法）同时进行检测比对，结果为：沾益当归挥发油含量为0.56%，岷县当归的挥发油含量为0.36%，前者是后者的1.5倍。孙红梅等用CO_2萃取法比较了不同产地当归的挥发油含量，以云南沾益所产当归的含量最高，达3.133%，排第二位的是云南鹤庆，第三位为甘肃岷县。张金渝等还对不同产地云当归挥发油化合物组成进行了比较，结果在大理鹤庆马厂样品中鉴定出54个化合物，沾益大坡乡样品中鉴定出了55个化物。

3. 阿魏酸含量比较

2012年搜集甘肃省岷县与云南省沾益县当归，依照《中国药典》

（2010年版）当归的含量测定项下阿魏酸含量测定方法进行测定，结果为：曲靖沾益当归的阿魏酸含量为0.269%，岷县当归的阿魏酸含量为0.097%，前者为后者的2.7倍。严辉等测定了岷县13个当归样品及沾益样品1个，岷县当归的阿魏酸平均含量为0.778%，沾益当归的为0.818%，在14个样品中，沾益当归排第7位。张金渝等将云南鹤庆马厂与沾益当归的阿魏酸含量做比较，沾益当归的阿魏酸含量为0.722%，马厂当归的阿魏酸含量为1.306%。总体来说，沾益当归的阿魏酸含量较高，当归主要成分阿魏酸检测最高达0.425%，是药典标准0.05%的8倍多，一般是药典标准的3~5倍。

第四节　无公害生产

一、当归无公害生产的概念与意义

公害是指人类在生产、生活活动中，对自身环境造成的公共危害。这种危害是从工业革命以来逐渐形成的，到20世纪60年代后显得越来越突出，严重的可使人畜当场死亡，也可使人畜患上一些慢性疾病，如全身疼痛、畸形、癌症等。此外公害还可造成人畜的二次中毒，误杀天敌，使生态环境恶化等。

无公害食品是指无公害食品产地环境、生产过程和产品质量需符合国家有关标准和规范的要求，经认证合格获得认证证书，并使用无公害农产品标志。当归的无公害是无公害食品的一个类别，也应同样要求。

无公害食品是依靠一整套质量标准体系来保证的，即农产品安全质量体系（GB 18406、18407）和无公害食品NY5000系列行业标准。从农产品环境要求、生产技术规范和准则到产品质量标准都有具体的规定。

安全食品中又分无公害食品、绿色食品和有机食品。三者标准不同，用金字塔表示，无公害食品位于底部，绿色食品居中，有机食品居于顶端。绿色产品依托于有限度地使用人工化学品的可持续农业，它追求的是双重效应，即经济效益和生态效益的结合，绿色食品的标准高于无公害食品，其生产过程、环境控制和产品质量要求相对较高。有机食品则是拒绝使用化学合成物的有机农业。

无公害食品的生产是建立在常规农业的基础上，通过从农田到餐桌的全程安全质量控制，使产品达到无公害要求，实现无公害食品的生产规模化，消费大众化，人人都可放心食用。当归的生产必须遵循安全食品生产，以实现当归的无公害生产目标。

二、无公害产地的选择

1. 对大气质量的要求

选择远离城镇及污染区，大气质量较好且相对稳定。在产地的上方风向区域内，要求无大量工业废气污染源，要求产地内气流相对稳定，即使在风季，风速也不能过大。

2. 对水源的要求

无公害水源质量必须符合农田灌溉水质标准。具体要求是产地内水资源丰富，水质质量相对稳定，例如符合要求的地下水、大中型水库、大中河流和湖泊等。

3. 对土壤质量的要求

土壤耕层内没有毒离子和倾倒物富集，有毒离子主要指重金属离子，如汞、镉、铅、铜、锌等；土壤中的有机氯和有机磷化合物残留较少；土壤 pH 值适中，一般以中性或微酸性土壤为宜；土壤既不黏重，又不过轻；土质肥沃，有机质含量高；土地平整，地下水位较低，不积水，便于灌溉。

第三章 栽培技术

二年生当归的种植播种期一般在芒种至夏至间播种，10月下旬贮藏当归苗，第二年4月上旬和中旬才移栽定植，但存在抽薹开花严重，影响当归质量，且占地时间较长等问题。借鉴外地生产经验，从本地实际出发，开展了大量的基础性研究工作，通过试验示范研究探索出当归种植由传统粗放式的二年生种植改为一年生标准化种植，并总结出一套较为完善的育苗技术。育苗技术包含苗床选择、整地理墒、种子处理、播前准备、播种节令及播种量、播种方式、苗床管理技术、假植排苗等技术，其技术操作实用，简便易行，精确到墒。还研究出平膜覆盖、遮阴网凸膜覆盖、营养土的配制、土壤消毒，施田补苗前除草等关键技术，缩短了当归生育期，解决了当归种植的种苗问题。

第一节 生态环境要求

一、生长环境要求

一年生当归适宜栽培在海拔2000～2500米、平均气温12～15℃，年降雨量为700～1000毫米，土壤为疏松、肥沃的微酸性至微碱性土壤的山区、半山区。

二、产地环境要求

土壤质量应符合土壤环境质量标准GB15618—2018二级标准，灌溉水要求应符合农田灌溉水水质标准GB50842—2021要求，空气质量应符合环境空气质量标准GB3095—2012二级标准。

第二节　种子育苗

当归为伞形科多年生草本植物，种子细小，千粒重为 1.5 ~ 2.0 克，双子叶出土，种子发芽率和发芽势相对较差，苗期怕干旱、怕高温、怕强光照。育苗要实现苗齐、苗壮，对选地、田间管理要求相对较高。当归营养袋直播技术采用营养袋直播，减少假植环节，避免根系受损伤，种出的当归头较大，主根发达，侧根较常规育苗粗壮，须根与侧根减少，当归品质较好。目前在曲靖市沾益区已进行大面积推广，本技术适宜沾益周边县区市海拔 2000 米以上的地区推广使用。

一、选　种

选择成熟度适中、纯净度高、发芽率高、发芽势好的头年生产的种子为宜。播种前晒种 1 ~ 2 天，晒种后适当轻揉种子，去除侧翼，提高种子出苗率。然后以 30℃ 左右的温开水浸种，浸种时在水中加 0.5% 多菌灵或敌克松等高效广谱抗菌农药，可有效杀灭各种病害。浸种时间为 36 ~ 48 小时。浸种后，捞出种子，拌入种量 3 ~ 5 倍的灭菌土，使种子保持潮湿，于 25℃ 左右催芽 4 ~ 5 天，待种子露白后播种。

二、苗床整理

1. 常规育苗

常规育苗要选择土质疏松、肥沃，土壤结构好，水源方便，土壤病虫草害小的地块，生产中一般选择前作为禾本科作物地块或万寿菊地块为佳。采用高墒或平墒，依据地形和坡向理墒；对于水源困难的地块采用低墒高埂，墒向避免与风向垂直；一般墒长 8 米，墒宽 1.2 米。对选好的地块及时翻犁，暴晒后对地块进行开墒，每墒的墒长为 8 ~ 10 米，墒宽为 0.9 ~ 1 米，墒与墒之间的埂高为 20 ~ 25 厘米，埂宽为 30 ~ 35 厘米。播种前 3 ~ 4 天，每亩按 2 ~ 3 吨的枯枝，大小搭配，铺于墒面，然后把田垡和细土铺于上面，保持暗火燃烧 24 ~ 48 小时。如果燃烧物为草皮或混入外来杂草一定要烧透，以免引入草害。做盖土用的火土要单独集中焚烧，杜绝引入客土或生土。火土量一定要足，每亩不低于 1 吨。地烧好后亩施入腐熟细粪 1.5～2 吨、三元复合肥 50 千克，与塝面活土拌匀后整平、整细。

2. 营养袋育苗

先制备营养土，将烧火土与腐熟的农家肥按 3∶2～4∶2 的比例配制出营养土，然后对营养土进行消毒；消毒后将营养装入直径 6～8 厘米、高 8～12 厘米的营养袋中。装营养袋时每袋的营养土先装至距离袋口 0.8～1.2 厘米的高度，之后将装有营养土的营养袋均匀摆放在理好的塝面上。新型当归营养袋 350 孔，亩装 23 本即可。装营养袋时营养土先装 3/4，留 1/4 在播完种子后作盖土用。装营养袋时根据新型营养袋的尺寸，决定怎样摆放。

三、播　种

1. 常规育苗

采用地膜加拱膜的育苗方式育苗，以 1 月 10 日前后播种为宜。每亩播种量以 6～7 千克为宜。播时先把塝面用水浇透，要求反复多次，每次少量浇花水，保持塝面平整不积水，塝面渗透不低于 20 厘米，然后把 500 倍液喷敌克松施于塝面。种子要反复多次补撒均匀。然后用火土均匀盖于种上，盖土的厚度为 0.3～0.5 厘米，盖土以见不到种子为准。盖土后，用 33% 的施田补 500 倍液，喷施于塝面，可有效防除禾本科杂草。施完药后用青松毛均匀撒施于塝面，以见不到土为准。然后用喷壶均匀浇透覆盖物，避免种子冲出地表裸露，再把敌杀死按 1500 倍液喷雾于青松毛上防虫。浇水后，及时加盖地膜及拱膜（拱高要求不低于 35 厘米，拱间距不大于 80 厘米），并在拱棚外加盖一层 80% 的遮阳网。

图 2 - 1 常规育苗

2. 营养袋育苗

播种前先对营养袋内的营养土反复多次浇水，待营养袋不积水且营养袋内的水渗透到墒面下不低于 20 厘米时，让营养袋内的营养土自然风干，风干至半干后再将 50 倍液敌克松均匀地喷洒于墒面上，每亩喷洒 50～100 千克。在每年的 1 月下旬至 2 月上旬，可比常规两段式育苗推迟 1 个月，将经处理后的当归种子种入营养袋中。每个营养袋播 3～4 粒当归种子，每亩 8000 营养袋按 60 克播种为宜。播种后，在每个营养袋内的种子上面覆盖 0.8～1.2 厘米厚的营养土，并浇透水，之后再在营养袋的上表面覆盖上一层青松毛，青松毛的覆盖厚度以见不到营养土为准。青松毛覆盖后，先用 500 倍液的敌克松喷施青松毛进行消毒，待青松毛上的水分干后再用 1500 倍液的敌杀死喷雾于青松毛上进行杀虫处理。

当归中拱棚育苗是在常规育苗和营养袋育苗的基础上，通过多年的经验和实践，不断探索出来的一种新的育苗方法。此育苗法主要解决清明后小拱棚内温度高会出现烧苗的现象，而且方便药农进棚管理。

图 2 - 2   当归中拱棚育苗

四、苗期管理

1. 温度管理

播种后出苗前，如平膜内温度在 25℃ 以上时，要及时打开拱膜，通风降温。苗出齐后及时去除平膜。根据天气情况进行通风，以保持拱膜内下层温度在 25℃ 左右为佳。一般情况下，只要在播种时浇透墒面，平膜盖得好，膜内水分可维持至出苗，不需浇水。水分以土能用手捏成团，松开即散为适合，如土表发白，不能捏成团，应立即补充水分，在早晚揭膜时用喷壶喷浇补水。出苗后，要随时观察，特别是晴天墒面正中部分或凸出部分最易缺水，要经常补充水分，早晚用喷壶浇水。

2. 草害虫害管理

如施用施田补后，滋生部分阔叶杂草，可于早晚打开拱膜人工拔除。拔草时要细心，轻拔、慢拔，以免带苗、伤苗。除草后要及时浇水，以防死苗。苗期病害主要有猝倒病和立枯病，如发生病害，可用敌克松、多菌灵等农药根据情况进行防治，虫害用敌杀死防治。出苗后，在不伤及幼苗的前提下，要多次轻翻松毛，并逐步揭除，至 1 叶 1 心时全部揭除。揭完后一定要注意土壤保潮。

3. 间苗炼苗

（1）常规育苗。苗长出 2 叶 1 心后，在保证土壤潮湿的条件下可逐步通风透光。长到 3 叶 1 心时，可让膜四周均匀通风（但不能把膜去除，以防霜冻），炼苗。假植前一周左右（苗龄 70 天左右）揭除全部覆盖物炼苗。

（2）营养袋育苗。当苗高长至 3 叶 1 心时，对每个营养袋内的幼苗进行间苗，每个营养袋内保留 1~2 株幼苗，同时掀开拱膜四周均匀通风，在移栽前的 20~25 天，揭除拱膜，保留遮阳网进行炼苗，在移栽前的 10~15 天，揭除遮阴网自然炼苗直至移栽。

4. 追　肥

对脱肥地块，可结合各项中耕管理进行追肥。追肥用三元复合肥，用量用法可根据其有效成分含量和溶解性，采用浇灌或叶面喷施，如用

25%含量的三元复合肥，每亩可用40～60千克。稀释后浇水施，要求反复溶解去杂质，喷后要洗苗。结合苗情进行追肥2～3次，施肥间隔30天左右，也可用清粪水浇施。结合浇水施，但每次施肥后一定要用清水洗苗。

五、假植排苗

1. 假　植

以3月20至清明节前完成假植工作。当苗龄达为70～80天，主根明显，充分炼苗后进行假植排苗。把腐熟农家肥与壮土按1∶1的比例进行配制，同时按0.5%加入复合肥做成营养基质。每亩大田按8000株左右装袋，统一装在所要移栽大田一端。为方便管理，以墒长8米、墒宽1.2米为宜。取苗时，要求用铲子等工具带土取苗，严禁直接拔苗，尽量不损伤根系。带土排苗，进袋（入土）一定要理顺根系，不能伤及根系。排苗时做到边排苗、边浇水、边盖膜和覆盖1层80%的遮阳网。

2. 假植期管理

假植前期管理与育苗期的基本一致，创造潮湿、遮阴环境，使其尽快成活。假植成活，主根穿透营养袋后，视苗情、墒情打开通风口，通风炼苗10天左右逐步除去拱膜。移栽前在自然环境下炼苗15天左右，炼苗返青后可进行大田移栽。

第三节　大田移栽

一、选　地

当归需轮作，一般选择间隔1～2年未种植过当归的疏松肥沃土壤的地块种植。为有效预防根结线虫病的发生在选地时一般选前作为玉米、万寿菊的地块，不选择前作为根茎作物地块或根结线虫病重的地块，如烤烟、马铃薯地块。

二、移栽时间

移栽时间视苗情、墒情而定，一般在 5 月初至 5 月底可进行移栽，一般以雨季为宜，有稳定降雨后方可进行大面积移栽，但部分年份雨季来临较迟，可进行抗旱移栽，进行黑膜覆盖，7 月份再揭除地膜。

三、整地理墒

选好地块后，要及时深翻松土，捡除杂物后理墒。理墒时，按 1.5 米下线，墒宽 1.2 米，垄高 15 厘米。为防雨季积水，均要求墒向与地块坡向一致。下等肥力的地块栽培密度可在 8900 株左右（株距 24 厘米，行距 25 厘米，每行栽 5 株），中等肥力地块可在 7400 株左右（株距 24 厘米，行距 30 厘米，每行栽 5 株），上等肥力的地块可在 6300 株左右（株距 24 厘米，行距 35 厘米，每行栽 5 株）。

四、施　肥

每亩施用腐熟、松散、不结块农家肥 2～3 吨，在翻犁地块时提前撒施入大田。高产优质当归需氮肥（N）、磷肥（P_2O_5）、钾肥（K_2O），其比例为 1∶0.5∶0.2。根据地块的土壤肥力，在施用氮素肥料的前提下，增施磷、钾肥。每亩可用烟草专用肥（50% 含量）50～70 千克或粮食复合肥 80～120 千克作底肥一次施入，另外每亩施普钙 30～40 千克。在打塘或理沟后集中施化肥在塘中或沟中作为基肥。

五、移　栽

起苗时多带土，做到轻拿轻放。移栽时先轻回塘土，与化肥拌匀，再用小锄头打塘把苗放入，脱袋回土，稍压实土壤。移栽后浇足定根水，确保成活。

图 2 - 3 大田移栽

第四节 中耕管理

一、提沟培土、除草

移栽后如发生死苗，应及时补栽。于阴天或傍晚移栽，并及时浇足定根水。补植苗要选用健壮苗，以确保成活。移栽成活后要及时提沟培土，清除杂草。6 ~ 8 月要适时松土和除草。

二、追 肥

施肥在原则上以有机肥为主，化肥为辅；基肥为主，追肥为辅。要根据不同生长期、土壤肥力状况、气候条件等进行施肥。追肥一般选择在 6 ~ 7 月份生长旺季，亩追施尿素 15 ~ 20 千克作提苗肥。8 月中下旬至 9 月上旬，当昼夜温差加大、进入根部膨大期后，每亩施用硫酸钾、磷酸铵（或普钙）各 10 ~ 20 千克作膨大肥。不施用中草药生产中违禁的化肥（硝态氮肥、硝态磷肥）。

三、松土、培土和病虫害防治

当归生长进入膨大期后要及时摘除枯黄老叶，进行松土、培土，并结合施肥、除草、提沟一起进行。当归的病虫害防治采取"预防为主、综合防治"的方针。在防治工作中，禁止使用高毒、高残留农药，有限度地使用部分化学农药。严格掌握用药量和用药时期，尽量减少产品农药残留的含量。

图 2-4　摘除枯黄老叶

第五节　繁种技术

一、生产地块选择

应选择土壤疏松肥沃、保排水性能好、背风、向阳、前作为禾本科的地块作为当归种子生产地。为保持种子种性优良，种子生产地块宜选择在高海拔区，结合曲靖市沾益区的实际，建议选择在海拔2000米以上的地块育种。

二、整地、施肥

1. 翻犁、除草

选好的地块，应尽早翻犁，熟化土壤及杀灭各种病虫害源，同时抖除各种杂草。

2. 施药防虫

在当归生产中，各种地下害虫发生严重，并且多是深土层害虫，如蛴螬等。地下虫害发生后从地面上防治较为困难，建议在地块翻犁前，用甲敌粉、辛硫磷等农药拌毒土撒施后翻犁。

3. 理 墒

为方便操作管理，建议按2米左右下线开沟理墒，墒宽1.6米、沟宽0.4米左右。为防雨季积水，墒面呈板瓦型，且与地块坡向一致。

4. 施底肥

每亩施2~3吨腐熟农家肥作底肥，50~60千克复合肥或混合肥作塘肥。

三、种苗选择

种苗应选择在高海拔、无病虫害生产地块生产的。为提高种子的品质和产量，种苗应选择在无病虫害地块上生产的品质较好、生长健壮、肉质肥厚、归头比例大、归身明显、侧根较少的中等单体植株，以单株重50~80克为宜。以亩植2500株计，每亩需种苗125~200千克。

四、种苗处理

1. 采 挖

为提高种苗成活率，减小染病率，采挖要求尽量保持植株完整。

2. 保 存

提倡种苗采挖后及时移栽，如间隔时间过长，要先用河沙养好种，并注意保温、保湿。贮存温度一般在 5～20℃，水分不宜过多，河沙以手捏成团、松手即散为好。

3. 种苗消毒

移栽前提倡适当晒种，晒种以不发生萎蔫脱水为度，并用 500～1000 倍液多菌灵等农药进行消毒，从源头预防各种病害。

4. 分　级

为合理密植，移栽前应对种苗进行大小分级，分地块移栽。

五、移　栽

1. 移栽节令

最好在 12 月底至次年 1 月中旬移栽结束。

2. 移栽密度

根据种苗大小，采用株行距为 50 厘米 × 55 厘米～55 厘米 × 60 厘米规格，亩栽培 2000～2500 株。

3. 移　栽

移栽时先把农家肥和化肥向塘四周撒施，然后轻回塘土盖严肥料，再栽入种苗，避免发生烧苗。种苗生长点要入土 1～3 厘米厚，避免霜冻危害。

4. 浇　水

无论墒情如何，都必须尽快浇透定根水，使种苗与土壤充分黏合，增强抗旱能力。

5. 覆　盖

种苗移栽后，要及时加盖腐殖土或秸秆，以保潮和防冻。

六、栽后管理

1. 补植、补盖

发现死苗、覆盖不足等情况，要及时补植、补盖。

2. 浇 水

栽后发生长期干旱，特别是春季容易干旱，土壤缺水严重，影响种苗成活，要适时浇水。

3. 防病虫害

当发现有根腐病、软腐病、白粉病时，应对症采用化学及农业综合技术进行防治。地上虫害有蚜虫及食叶类昆虫等，可采用农药喷雾防治；地下害虫主要有地老虎及蛴螬等，可采用喷雾、灌穴及施毒土等方式进行防治。

4. 除草、施肥

育苗大田发生草害应及时进行人工除草。进入抽薹生长旺季后，应根据实际情况，以亩施磷钾肥为主的复合肥或混合肥 20～30 千克作为籽粒肥，以提高种子产量和品质。

5. 防涝排涝

进入雨季后，要做好防涝排涝工作，防止墒面积水，发生死苗现象。

七、采 收

1. 采收标准

当归种子采收要适时。种子过熟播种后易提早抽薹，种子太嫩种子发芽率较低，适宜的采收期以表皮由红变白，种子从粉红色变白为宜。

2. 采收方法

由于当归种子成熟不一致，为保证种子质量，采收工作必须分期分批进行，成熟一枝，剪一枝。一般以中部种子先期成熟，顶部和下部种子后期成熟。剪时，动作要轻，不能影响整株生长，要离主枝 2 厘米以上开剪，种枝剪后，尽快晒干脱粒保管。

3. 贮 藏

种子采收后，扎成小把，悬挂于室内通风、干燥、无烟处，使其自然风干。风干后脱粒，除净杂质，贮存在干燥阴凉处。

第四章　病虫害防治

第一节　主要病虫害

一、根腐病

根腐病主要危害当归根。一般在 7 月初发病，8 ~ 9 月为发病高峰期。防治根腐病的方法：将根、茎、叶全部收集到一起，在远离种植田的地方烧毁；每个病穴撒入生石灰 200 ~ 300 克消毒；发病期用 50% 多菌灵 500 ~ 600 倍液，或 70% 根腐灵 600 ~ 800 倍液，或 50% 扑海因 800 倍液，每隔 7 天交替灌根，每穴每次浇灌 100 毫升，连喷 3 ~ 4 次。

二、白粉病

白粉病主要危害叶片和茎，6 ~ 8 月为发病高峰期。防治白粉病的方法：发病初期喷施 25% 粉锈宁 600 倍，或 50% 退菌特可湿性粉剂 800 倍液，或 75% 百菌清 500 倍液，每隔 7 ~ 10 天喷施 1 次，连喷 3 ~ 4 次。

三、褐斑病

褐斑病主要危害叶片。雨季开始发病，8 ~ 9 月为发病盛期。防治褐斑病的方法：发病初期喷施 65% 代森锰锌 500 倍液，或 80% 大生 M－45 可湿性粉剂 600 倍液，或 75% 百菌清可湿性粉剂 600 倍液，每隔 7 ~ 10 天喷施 1 次，连喷 3 ~ 4 次。

四、地老虎

地老虎以幼虫危害幼苗和根茎。防治地老虎的方法：整地时每亩用 3% 毒死蜱颗粒剂 2 ~ 4 千克拌细土 20 千克撒入地中；用铡碎的幼嫩新鲜杂草和菜叶 30 千克与 90% 晶体敌百虫 150 克配制成毒饵，于傍晚放入当归地内，诱杀幼虫，危害严重时用50%辛硫磷乳油1000倍液灌根。

五、蛴螬

蛴螬成虫啃食茎叶，幼虫咬断根部，造成缺苗断垄。防治方法：整地时每亩用3%毒死蜱颗粒剂2~4千克拌细土300千克撒入地中；危害严重时，用50%辛硫磷乳油1000倍液灌根。

六、红蜘蛛

红蜘蛛主要危害叶片。防治红蜘蛛方法：用48%的乐斯本乳油1000~2000倍液，或1.8%阿维菌素乳油3000~5000倍液，在晴天进行喷雾防治，根据发生的情况可喷施2~3次，防治时应交替用药。

七、当归根结线虫病

当归受线虫危害严重，线虫用刺状吻针刺吸汁液，并分泌酶和毒素引起病变。受线虫危害的当归常表现为生长不良，植株矮小，色泽失常，甚至早期枯死，危害的根部常形成肿大、疣状突起，形成根结，尤其在红沙性土壤发病较重。

第二节　防治措施

一、农业防治

农业防治方法有：与非寄主作物禾本科作物如玉米、万寿菊等轮作，不与蔬菜、芋头、洋芋、烟草、紫云英（绿肥）等易感作物轮作；早春和当归收挖后深翻土壤，曝晒以杀灭线虫；施用充分腐熟的有机肥；增施磷钾肥、微肥，增强当归自身对根结线虫的抗逆性；选育抗病品种；避免在砂性过大的土壤中种植；基肥中每亩施用石灰氮30~50千克；拔除病株，病穴用生石灰消毒，病株集中烧毁；夏季开沟排水控湿，防止湿度过大。

二、生物防治

采集具有杀虫作用的植物，如万寿菊、烟草、猪屎豆、鱼藤等作物地上部埋于当归畦内，能杀死或抑制线虫的活动。另外，可适当施用阿维菌素进行防治。

三、化学防治

栽种前 1 个月每亩用 DD 混剂 30 ~ 40 千克处理。移栽时每亩用灭线灵 0.3 ~ 0.5 千克拌细土施入塘中处理或每亩用 10% 克灭线磷 2 ~ 4 千克，顺行开 7 ~ 8 厘米宽的沟施入，盖土，防治效果显著；也可用 10% 的噻唑磷拌毒土施入塘中，根据防治要求进行防治。移栽后可用 20% 噻唑膦－伏线宝杀菌剂在当归移栽成活后稀释 1000 倍泼浇 1 ~ 2 次，间隔 7 ~ 10 天。大量发生时，也可以每亩用 2 千克棉隆掺入细土，撒入定植畦 6 厘米深土层下方，或者通过毒气熏蒸杀死线虫，或者用 50% 辛硫磷 1000 倍液灌根。

第五章　采收与初加工

第一节　采　收

进入 11 月中旬后,当归地上部分充分枯黄后就可采挖。采挖前 15 天左右,天晴时割去地上茎叶,让太阳充分曝晒。采收时,一是要注意尽量保持根部完整;二是拣除病残株,晾晒分装。

第二节　初加工

一、晾　晒

采挖后,将泥土除净,不堆置,晾晒 2~3 天,但不要在阳光下曝晒。晾晒期间,每日翻动 1~2 次,及时剔除病株、烂株。至根条变软时,按根条大小理顺,扎成小把,并经常翻动,晒干后即成商品。

二、扎　把

晾晒后的当归,将其侧根用手理顺,切除残留叶柄,大的 2~3 支扎成一把,小的 4~6 支扎成一把,每把鲜重 0.5 千克左右。

第三节　药材规格

根据药材商品规格标准,云当归分归头和全归两个规格。以身干、主根大、身长、股粗、岔白、菊花心、气味浓而醇香者为佳,主根短小、支根多、岔不白、香气弱及变红棕色者次之,柴性大、干枯无油或断面呈绿褐色者不为药用。

一、归　头

当归干货分 4 个等级；纯主根，呈长圆形或拳状；表面棕黄或黄褐色，断面黄白色或淡黄色，具油性；气芳香，味甘微苦，无虫蛀，霉变。

一等：每千克 40 支以内。

二等：每千克 80 支以内。

三等：每千克 120 支以内。

四等：每千克 160 支以内。

二、全　归

全归干货分 5 个等级；上部主根圆柱形，下部有多条支根，根梢不细于 0.2 厘米；表面棕黄或黄褐色，断面黄白色或淡黄色，具油性；气芳香，味甘微苦；无虫蛀、霉变。

一等：每千克 40 支以内。

二等：每千克 70 支以内。

三等：每千克 110 支以内。

四等：每千克 110 支以内。

五等：（常行归）凡不符合以上分等的小货。

第四节　包装、贮藏与运输

一、包　装

当归干制后，选用不易破损、干燥、清洁、无异味以及不影响品质的专用纸箱进行包装。材料制成专用包装：包装容器应该用干燥、清洁、无异味以及不影响品质的材料制成。新制纸箱放太阳下晒 23 小时，再在箱内垫防潮纸 1 层，将已干制好的当归按不同等级，头朝外分层平放箱内，中间用当归垫平，每箱净重 25 千克。包装前应再次抽查，清除劣质品和杂质。包装箱上应有包装记录内容，包括品名（中英文）、批号、规格、重量、产地、采收日期、注意事项、储藏条件，并附有质量合格的标志。

二、储 藏

因当归含有挥发油、有机酸及多糖，易受潮，应存放于清洁、阴凉、干燥、通风、无异味的专用仓库中，并防回潮、防虫蛀。当归储藏以温度 25℃ 以下，相对湿度小于 70% 为宜，商品安全水分为 12% ~ 14%，储存时间 12 个月。

三、运 输

药材批量运输时，注意不能与其他有毒、有害的物质混装；运输工具必须清洁、干燥、无异味、无污染，具有较好的通气性，以保持干燥，并有防晒、防潮等措施。

第三篇

滇黄精规范化栽培技术

◎ 概　述

◎ 生物学特性

◎ 栽培技术

◎ 病虫害防治

◎ 采收与初加工

第一章 概　述

滇黄精（*Polygonatum kingianum* Coll. Et Hemsl）为百合科黄精属草本植物，为我国特有种，又名节节高、仙人饭、老虎姜、鸡头参等，为百合科植物滇黄精、黄精或多花黄精的干燥根茎。根据原植物和药材性状的差异，黄精可分为姜形黄精、鸡头黄精和大黄精三种。姜形黄精的原植物为多花黄精，鸡头黄精的原植物为黄精，而大黄精（又名碟形黄精）的原植物为滇黄精。三者中以姜形黄精质量最佳。多花黄精主产于贵州、湖南、云南、安徽、浙江等省。滇黄精药材习称"大黄精"，主产云南、贵州、广西，过去各产地自产自销，现亦销往全国。

第一节　栽培历史

黄精是中医的四大仙药之一，另三味是人参、灵芝、茯神。

三国魏张揖的《广雅》、西晋张华的《博物志》以及东晋葛洪的《抱朴子》中即有记载，古人以本品得坤土之气，获天地之精，所以叫黄精。其他名称：黄芝、戊己芝、菟竹、鹿竹、仙人余粮、救穷草、米铺、野生姜、重楼、鸡格、国珠。至于"仙人余粮""救穷草""米铺"等名称的由来则是因为黄精可代粮食而具有维系日常生活的功用。"菟竹""鹿竹"二名，是因黄精叶子长得像竹叶，而且兔、鹿喜欢吃；"重楼""垂珠"之类，则取黄精的种子形状相似。黄精南北各地都生长。黄精的根、叶、花、实都可以吃，作为药用和粮食的则是它的块根，根黄色如嫩生姜，二月采收，蒸熟晒干用。

滇黄精首载于《植物名实图考》："根与湖南产同，而大重数斤……茎肥色紫，六七叶作层，初生皆上抱。花生叶际，四面下垂如璎珞，色青白，老则赫黄。"《中国植物志》记载，云南大理、禄丰一带有一类型，"花被白色"；四川和湖北西部另有一类型，"花为淡黄色或绿白色"。但《中国植物志》记载滇黄精主要类型花被粉红色，浆果为红色。滇黄精分布于我国广西、贵州、四川、云南，越南、缅甸也有分布。生长在林下、灌丛或阴湿草坡中，有时生长在岩石上。生长在海拔700～3600米的地区。

第二节　功效及应用

一、药理功效

自20世纪80年代开始，国内外学者对滇黄精的化学成分进行了广泛研究，发现滇黄精的化学成分主要为黄精多糖、黄精低聚糖、甾体皂苷、三萜、生物碱、木脂素、黄酮、挥发油、蒽醌类、氨基酸和其他人类必需的微量元素等，其中多糖和甾体皂苷类成分在滇黄精中含量较大，为其主要药效成分。通过现代药理学研究发现，黄精在抗衰老、调节免疫力、调血脂、改善记忆力、抗肿瘤、抗菌等方面显示较好的活性。在药理活性方面，具有潜在的药用价值。现代研究发现，黄精具有以下药理作用：

1. 性味归经

滇黄精根茎入药，性平、味甘，归经于脾、肺、肾经。

2. 功能主治

滇黄精具有补气养阴、健脾、润肺、益肾的功效，主要用于脾胃气虚，体倦乏力，胃阴不足，口干食少，肺虚燥咳，劳嗽咳血，精血不足，腰膝酸软，须发早白，内热消渴等症状。

（1）调节免疫力。黄精中黄精多糖对调剂免疫力具有明显效果。免疫活性筛选实验表明，黄精可提高受环磷酰胺处理小鼠的骨髓造血功能，使其白细胞和红细胞数量上升，骨髓嗜多染红细胞微核率下降，小鼠腹腔巨噬细胞的吞噬功能提高。

（2）调节血糖。黄精多糖对正常小鼠血糖水平无明显影响，但可显著降低肾上腺素诱发的高血糖小鼠的血糖值，同时降低肾上腺素模型小鼠肝脏中环磷酸腺苷的含量，在降低血糖作用时，不改变血清胰岛素水平。黄精甲醇提取物还有抑制肾上腺素诱发高血糖小鼠血糖的作用。

（3）抗肿瘤作用。黄精中的薯蓣皂苷、甲基原薯蓣皂苷和黄精多糖在体外对肿瘤细胞具有抑制和抗肿瘤的作用。实验结果表明，薯蓣皂苷具有显著抑制人体白血病 HL260 细胞、宫颈癌 Hela 细胞、乳腺癌 MDA2MB2435 细胞及肺癌 H14 细胞增殖的作用，并具有良好的剂量依赖关系。此外，黄精多糖对 H22 实体瘤、S180 腹水瘤具有抑制作用。

（4）改善学习记忆作用。黄精总皂苷和黄精多糖具有明显改善模型小鼠的学习记忆能力。黄芳等以黄精多糖对老龄大鼠连续灌胃，能明显改善老龄大鼠的学习记忆及记忆再现能力。赵小贞等给血管性痴呆模型大鼠灌胃黄精口服液，能改善血管性痴呆模型大鼠的学习记忆能力。

（5）抑菌作用。黄精煎液（1∶30）对金黄色葡萄球菌、伤寒杆菌、结核杆菌、耐酸杆菌等有抑制作用。实验性结核豚鼠每日 1 克/千克剂量，60 天后，主要脏器病变较轻，肺部结节数量减少。

（6）抗疲劳作用。黄精溶液能明显提高小鼠耐缺氧能力；黄精煎剂（2.55 克/千克）灌胃小鼠，能显著延长小鼠游泳时间。

（7）抗炎、抗病毒作用。彭成等通过家兔眼结膜、角膜炎症模型给予黄精多糖眼药水考察黄精多糖的抗炎作用，结果黄精多糖眼药水能消除兔模型结膜充血、水肿、分泌物增加、角膜混浊、睫状充血等局部症状，能明显抑制小鼠耳廓肿胀、大鼠足趾肿胀，还能降低大鼠肉芽肿的质量，减少肉芽肿内渗出，揭示黄精多糖具有良好的抗炎作用。

（8）调脂作用。一定剂量黄精多糖具有降低高脂血症实验动物血脂的作用和抑制动脉内膜泡沫细胞形成的作用。另外，黄精多糖明显降低 Ad 模型小鼠肝脏内 cAMP 的含量。

（9）延缓衰老作用。黄精口服液能显著降低心、肝过氧化物脂质（LPO）生成，增加谷胱甘肽过氧化物酶活力以及血过氧化物歧化酶（SOD）活力，而且呈剂量依赖性；与阳性对照组相比，黄精口服液抑制心、肝 LPO 生成能力明显增加，也呈剂量依赖性，显示其具有抗衰防老作用。黄精多糖在体外能抑制自发的和诱导的脂质过氧化产物丙二醛（MDA）的生成，对氧自由基具有直接清除作用。

（10）抗抑郁。黄精皂苷能纠正抑郁模型小鼠的自主活动和学习记忆能力，并能提高脑内单胺类神经递质水平。黄莺等也证实黄精皂苷具有抗抑郁作用，调节机体中的微量元素水平可能是其机制之一。

（11）抗动脉粥样硬化。研究发现，黄精多糖能下调实验性兔动脉粥样硬化血管内膜血管细胞黏附分子 – 1（VCAM – 1）的高表达，抑制炎性细胞对内皮细胞的黏附，阻止血管内皮炎症反应的发生、发展。

（12）抗氧化。研究表明，黄精多糖可明显提高小鼠血清和肝脏总超氧化物歧化酶（T – SOD）和谷胱甘肽过氧化物酶（GSH – Px）活性，降低丙二（MDA）的量。

（13）抗病原微生物作用。黄精对多种病原微生物均有拮抗作用。黄精水提液在体外对伤寒杆菌、金黄色葡萄球菌有较强的抑制作用，对多种致病真菌亦有抑制。

（14）抗骨质疏松作用。黄精多糖还具有显著的抗骨质疏松作用。研究表明，高剂量的黄精多糖可以降低骨钙素和抗酒石酸酸性磷酸酶的阳性表达，从而提示高剂量黄精多糖具有抗骨质疏松，促进骨折愈合的作用。

二、滇黄精的应用

黄精目前已开发出多种产品，入药的、滋补的、食用的、美容的、酿酒的、甚至旅游观光等产品。

1. 药用价值

黄精是我国的传统常用中药，始载于晋代《名医别录》，被列为上品，之后历代医药典籍对其都有记载，具有补肾益精、滋阴润燥的功效。据不完全统计，以黄精为原料的中成药 150 余种，保健品 200 余种。它是稳心颗粒、黄精赞育胶囊、当归黄精膏等中成药的主要成分，并且黄精具有较好的保健功能，具有极好的前景。

2. 食疗及保健

滇黄精又被称为仙人饭，自古就被用作延年益寿、强精健体的滋补药品。《本草纲目》就记载："黄精补诸虚，填精髓，平补气血而润。"黄精被列为药食同源名录，据统计，市场上 80% 以上的黄精是被作为保健品食用，只有 20% 左右作为药用。如黄精炖瘦肉、黄精当归鸡蛋汤、黄精炖冰糖、黄精糯米粥、黄精莲子薏苡仁粥、黄精米酒等都是黄精的补益食品。又如沾益本家药膳制作的滇黄精包子、滇黄精面条、滇黄精茶等药食同源食品。

3. 美容养颜价值

滇黄精含有多种天然美容活性成分，具有抗衰老、防辐射、抗炎、抗菌、生发乌发、固齿等美容功能，以此开发成纯天然的中草药保健化妆品，如沐浴露、洗发香波、护发素、乌发宝、脚气露、面膜、药膏、搽剂等，市场前景广阔。

4. 观赏价值

滇黄精耐阴性好，叶形修长，春夏之际开红色小花，果实由绿色渐变为黄色、橙色，是林下栽植的观赏佳品，也是制作盆栽的良好材料。

第三节　资源分布情况

《本草图经》云："黄精生山谷，今南北皆有之，以嵩山、茅山者为佳……黄精苗叶稍类钩吻，但钩吻叶头极尖而根细。"说明我国南方和北方都有分布。尽管黄精药用历史悠久，但记载黄精历史分布的书籍很少。据现代调查研究表明，黄精主要分布于安徽、浙江以及东北和华北各省。多花黄精主要分布于陕西、湖北及长江以南各省市；滇黄精为我国特有种，主要分布于云南、四川、贵州和广西。

根据《中国植物志》的记载，黄精产于黑龙江、吉林、辽宁、河北、山西、陕西、内蒙古、宁夏、甘肃（东部）、河南、山东、安徽（东部）、浙江（西北部），生林下、灌丛或山坡阴处，海拔 800 ~ 2800 米。此外，朝鲜、蒙古和俄国西伯利亚东部地区也有。多花黄精（*P. cyrtonema*）产于四川、贵州、湖南、湖北、河南（南部和西部）、江西、安徽、江苏（南部）、浙江、福建、广东（中部和北部）、广西（北部），生林下、灌丛或山坡阴处，海拔 500 ~ 2100 米。滇黄精（*P. kingianum*）为我国特有种，主要产云南、四川、贵州，生林下、灌丛或阴湿草坡，有时生岩石上，海拔 700 ~ 3600 米。越南、缅甸也有分布。

　　黄精、滇黄精、多花黄精三种植物均为黄精药材的基源，为常用中药材。目前资源仍以野生为主，近五年来，因为资源的下降以及开发应用，需求增加，市场行情上涨。野生中药材资源是有限的，随着需求增加，近年药农采挖力度的逐渐增大，黄精野生资源急剧锐减。特别是滇黄精由于拥有良好的口感作为食用材料而被人们所认知，随着生活水平的提高，滇黄精的需求量在迅速增加，曾在云南随处可见的滇黄精资源，已很难找到，只有在人迹罕至的原始森林有零星分布。

　　根据调查，目前按照黄精药材的自然分布，黄精分布区域为我国黑龙江、吉林、辽宁、河北、山西、陕西、浙江（西北部）、云南（东北部）等地以及国外的朝鲜、蒙古和西伯利亚东部等地区。多花黄精则主要分布于我国四川、贵州、湖南、湖北、河南（南部和西部）、江西、安徽、江苏（南部）、浙江、福建、广东（中部和北部）、广西（北部）。而滇黄精则以云南为中心，主要分布于云南、贵州、四川及广西的西北部及西藏的东南与云南迪庆、怒江接壤的林芝市。滇黄精主要集中分布于海拔 1200 ~ 2200 米，年均温度为 16 ~ 20℃，年均降雨量为 800 ~ 1800 毫米的亚热带季风气候带，如云南的普洱、文山、玉溪、临沧、保山、德宏及怒江州及广西的百色等，该区域常年的年均温度为 15 ~ 25℃，降雨量较大，空气湿度较高，且土壤为黑沙壤、黄沙壤，腐殖质较高，全年无霜期较长，但由于小环境气候的影响，建议先行试种。滇黄精喜欢阴湿气候条件，具有喜阴、耐旱、怕干旱的特性，在干燥地区生长不良，在湿润荫蔽的环境下植株生长良好。在土层较深厚、疏松肥沃、排水和保水性能较好的土壤中生长良好；在贫瘠干旱及黏重的地块不适宜植株生长。

第四节　种植情况及发展前景

　　云南省各个地区均种植滇黄精，其中较集中的地区分别在普洱、临沧、怒江、保山、曲靖等 5 个地区。据相关部门统计，云南省在 2014 年与 2015 年种植面积出现较快增长，2016 年种植面积显著回落，2017 年种植面积达 5.4 万亩。在我国，黄精在 20 世纪 90 年代的需求量只有 800 吨左右，随着人们越来越重视的健康生活，目前全国每年黄精的市场需求量接近 4000 吨，其中近 80% 用于食用，仅 20% 用于药用和提取。2018 年全国黄精产量近 3000 吨，而云南省种植滇黄精的产量就占全国产量的五分之一。截至 2018 年底云南省曲靖市沾益区的滇黄精种植面积达万亩。

2010 年黄精市场行情上涨，由之前的不足 20 元（千克价，下同）升至 26 ~ 27 元；2011 年涨至 35 元之后产量新增，价回落到 26 元；2012 年行情稳中有少许反弹，但库存也有所积累；2013 年产量下降，库存被消耗，行情又强劲回升，上半年价格升为 33 ~ 35 元，下半年再涨为 45 ~ 48 元；2014 年在商家的持续关注之下，市价攀升为 55 元左右；从 2015 年至 2018 年，黄精价格在 45 ~ 50 元之间波动，暂时处于稳定状态。2019 年 4 月份，由于国外黄精进口受阻，国内库存空虚，各产区黄精货源骤然紧张，投料规格行情普涨 15% 以上，部分饮片规格行情上涨超过 25%。浙江、湖南、贵州等产地，投料统货价格为 62 ~ 65 元，用于饮片加工的统货价格为 75 ~ 80 元，大个 85 元，选装个子 110 元。黄精的品种、质量、产地及市场等不同价格差异较大，如鸡头黄精统货价格大为 26 ~ 30 元，精品黄精统货价格为 36 ~ 40 元，精品黄精片的价格在 40 元以上。同时，黄精的大小直接影响到其成色和价格，个头比较小的黄精相对来说比较便宜，但其实药用成分一般都差不多。

第二章　生物学特性

第一节　黄精的分类

黄精属（*Polygonatum*）属于百合科植物，全世界有约 40 个种，广泛分布于北温带。我国有 31 种，在我国各地均有分布，其中某些种为特定地区的特有物种。其中黄精、滇黄精和多花黄精为药典中黄精药材的基源植物。黄精主要分布于安徽、浙江、东北和华北各省；多花黄精主要分布于陕西、湖北及长江以南各省市；滇黄精为滇黄精系，为我国特有种，主要分布于云南、四川、贵州和广西。目前，主要种植的品种为黄精、滇黄精和多花黄精，按形状不同，习称"鸡头黄精""大黄精""姜形黄精"。

大黄精呈肥厚肉质的结节块状，结节长可达 10 厘米以上，宽为 3 ~ 6 厘米，厚为 2 ~ 3 厘米。表面淡黄色至黄棕色，具环节，有皱纹及须根痕，结节上侧茎痕呈圆盘状，圆周凹入，中部突出。质硬而韧，不易折断，断面角质，淡黄色至黄棕色。气微，味甜，嚼之有黏性。

鸡头黄精呈结节状弯柱形，长 3 ~ 10 厘米，直径 0.5 ~ 1.5 厘米。结节长 2 ~ 4 厘米，略呈圆锥形，常有分枝。表面黄白色或灰黄色，半透明，有纵皱纹，茎痕呈圆形，直径为 5 ~ 8 毫米。

姜形黄精呈长条结节块状，长短不等，常有数个块状结节相连。表面灰黄色或黄褐色，粗糙，结节上侧有突出的圆盘状茎痕，直径为 0.8 ~ 1.5 厘米。味苦者不可药用。

黄精依种类不同，其产地亦不同。轮叶黄精分布东北、内蒙古、江北等地，囊丝黄精分布江北、江南等地，热河黄精分布东北、河北、河南、山东等地，滇黄精分布云南、贵州等地。

①康定玉竹点花黄精　　②格脉黄精

③玉竹轮叶黄精

④卷叶黄精

⑤短筒黄精

⑥多花黄精

⑦滇黄精

图 3 - 1　黄精属的部分黄精种类

第二节　植物形态特征

滇黄精根状茎呈近圆柱形或近连珠状，结节有时作不规则菱状，肥厚，直径 1～3 厘米。茎高 1～3 米，顶端作攀缘状。叶轮生，每轮 3～10 枚，条形、条状披针形或披针形，长 6～25 厘米，宽 3～30 毫米，先端拳卷。花序具 1 ~ 6 朵花，总花梗下垂，长 1 ~ 2 厘米，花梗长 0.5 ~ 1.5 厘米，苞片膜质，微小，通常位于花梗下部；花被粉红色，长 18 ~ 25 毫米，裂片长 3 ~ 5 毫米；花丝长 3 ~ 5 毫米，丝状或两侧扁，花药长 4 ~ 6 毫米；子房长 4 ~ 6 毫米，花柱长 8 ~ 14 毫米。浆果红色，直径 1 ~ 1.5 厘米，具 7 ~ 12 颗种子。花期在 3 ~ 5 月，果期在 9 ~ 10 月。

图 3 - 2   滇黄精形态

第三节   药材性状特征

一、生药材性状

滇黄精主产于云南、贵州、四川等省份，其药材性状如下：块茎呈厚肉质的结节块状，结节长 10 厘米以上，宽 3 ~ 6 厘米，厚 2 ~ 3 厘米。块茎表面淡黄色至黄棕色，具环节，有皱纹及须根痕；结节上侧茎痕呈圆盘状，圆周凹入，中部突出。质的坚硬而柔韧，不容易折断，断面角质淡黄色至黄棕色。气微，味甜，嚼之有黏性。

图 3 - 3　滇黄精生药材

二、显微性状

1. 横切面

滇黄精横切面表皮细胞 1 列，外被角质层，有时局部有 4 ~ 5 列木栓细胞。维管束散列，周木型，少见外韧型。有黏液细胞，长径 36 ~ 110 微米，短径 20 ~ 66 微米，内含草酸钙针晶束。

2. 粉末特征

滇黄精粉末呈棕黄色，①表皮细胞壁不均匀增厚；②黏液细胞较黄精少，长可达 330 微米；③草酸针晶长 60 ~ 150 微米，直径 2 ~ 6 微米；④不定型块状物可见，黄色，深浅不一。

3. 含量测定

【检查】水分不得过 18.0%（通则 0832 第四法）。

总灰分取本品，80℃干燥 6 小时，粉碎后测定，不得过 4.0%（通则 2302）。

【浸出物】照醇溶性浸出物测定法（通则 2201）项下的热浸法测定，用稀乙醇作溶剂，不得少于 45.0% 。

【含量测定】对照品溶液的制备取经 105℃干燥至恒重的无水葡萄糖对照品 33 毫克，精密称定，置 100 毫升量瓶中，加水溶解并稀释至刻度，摇匀，即得每 1 毫升中含无水葡萄糖 0.33 毫克。

本品按干燥品计算，含黄精多糖以无水葡萄糖（$C_6H_{12}O_6$）计，不得少于 7.0%。

第四节　生物学特性

一、根

滇黄精不仅通过其根系吸收养分，也通过其固定植株吸收。滇黄精只有在萌发初期会有由胚根形成的主根，在滇黄精形成根茎后在其根茎顶端着生多条不定根。不定根的多少与滇黄精根茎的大小及生长状况有关。滇黄精的生长就通过这些不定根不断吸收水分、养分，通过根茎运输到地上部分。滇黄精一般在每年的雨季来临后萌发新根，很多时候滇黄精会在其不定根的中下部分叉，形成根毛。正常情况下植株生长较好的滇黄精其根部也较发达。

二、茎及根茎

滇黄精的茎一般一年只发茎叶 1 次，茎秆外有芽鞘，其芽鞘在芽期和幼苗期可以起到保护芽和茎的作用，待地上部分发育成熟后就完成其使命，脱落。滇黄精的地上茎主要具有支撑叶片和物质运输的作用。如果在生长过程中其顶芽被破坏，那么可能会在根茎不同部位萌发新芽，从而形成多茎。

滇黄精的根茎是其重要的贮藏器官，也是滇黄精的药用部位。由于滇黄精的生长极为缓慢，在自然状况下滇黄精种子萌发需要 1 年时间，并且种子萌发后生长也极为缓慢。滇黄精光合作用所产生的营养物质就贮存在其根茎中，每年地上部分生长死亡后形成茎痕，其根茎延长形成节和节间，根茎呈横走状，野生状况根茎一般呈圆柱形。在栽培条件下由于水分营养充足，生长呈几何倍数增长。根茎一般随着栽培年限的增加，会成多头多个方向生长。

三、叶

滇黄精在不同的生长阶段其叶的形状是不一样的。开始萌发形成的叶为单叶，披针形或条形。采用切块繁殖的滇黄精从切块上也会萌发出心形叶，只有在生长到第二年或第三年后为条状、轮生，每轮叶片数为4～15枚，轮数根据植株的年龄及生长环境变化较大，一般为8～20轮。

叶片是滇黄精重要的光合作用器官。滇黄精叶面积较小，而且一年才能萌发一次，其光合作用能力弱，干物质积累少，这也是滇黄精生长缓慢、生长周期长的原因。滇黄精脆弱的光合作用器官很容易受自然灾害、病害侵染或人为操作的损伤，从而进一步造成植株当年光合产物积累减少。

四、花

滇黄精的花为筒状花，呈辐射状对称，花色为红色、浅绿色，花冠较小，无花萼和花托，着生于轮叶的叶腋上方，花朵数为2～4朵，为滇黄精的生殖器官。

五、果实和种子

滇黄精的果实呈球状，果皮未成熟时为绿色或黄绿色，成熟时变成橘黄色或橘红色。自然状况下果皮内着生2～4粒种子，一般不超过5粒，果实成熟时，果皮也不会裂开，种子外包裹着橘黄色的一层肉质种皮，种子白色或稍带黄色，质地坚硬。

第五节　生长发育规律

滇黄精为多年生草本植物，生命周期较长，一般都在8年以上，如果条件较好，可以存活30年以上。滇黄精整个生命周期从种子萌发开始，可以划分为种子萌发期、营养生长期、生殖生长期、凋亡期。

一、种子萌发期

滇黄精种子颗粒较大，每千克有 2000 粒左右（带果皮和种皮的藓重）。其种子具有休眠特性，需要在土壤中度过 6~7 个月才能萌发，因此采收后的滇黄精种子，即使采收后就播种于土壤中，一般也需要半年的时间才会出苗。实验表明，滇黄精种子的休眠机制为生理休眠，在 3~5℃的低温砂藏条件下 60 天左右可破除休眠，使用 500~1000 毫克/升的赤霉素处理结合砂藏可明显缩短滇黄精种子休眠时间。15~20℃为滇黄精种子发芽的最适温度。一般 10—11 月采收种子后，采用低温砂藏处理 10~15 天，后播种于土壤疏松、肥料充足、保水性好的沙壤土或富含腐殖质的壤土中，覆盖土层不超过 2 厘米，播种后 2~3 个月种子开始萌动，于 5—6 月份，种子即可长出 1 片叶子，进入营养生长期。

图 3-4　滇黄精种球

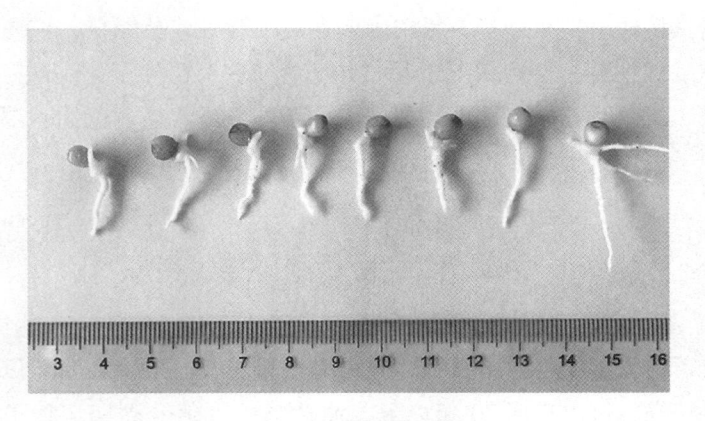

图 3-5　滇黄精种子萌发

二、营养生长期

滇黄精的营养生长发育也需 2 ~ 3 年，之后才进入生殖生长期，开始开花结果。滇黄精的营养生长期又可以划分为单叶期、轮叶期。

1. 单叶期

滇黄精种植播种后 5 ~ 6 个月开始出苗，出苗时就 1 片叶子，当叶片出土后，可以依靠根部吸收的水分及营养物质进行光合作用，所产生的碳水化合物又可通过叶脉和茎的运输组织进行运输，滇黄精幼苗开始成为自养。这段时期滇黄精若遭受自然灾害和病虫害造成叶片丧失，植株进入冬眠或死亡，因此在苗期应加强水肥和病虫害的防控，以防滇黄精小苗受到伤害。

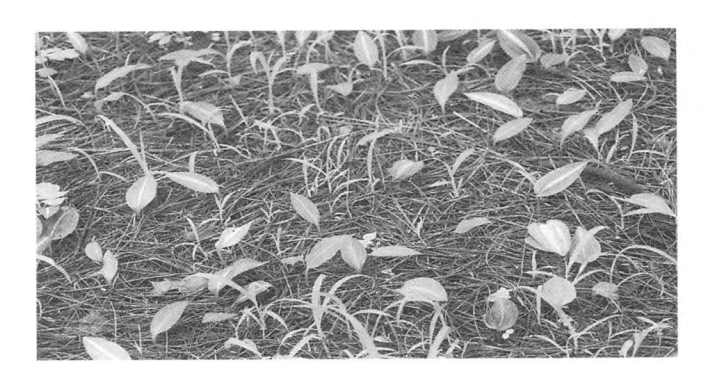

图 3 - 6　滇黄精单叶期

2. 轮叶期

滇黄精在经过 1 年的单叶期生长后，进入轮叶期，此时的滇黄精地上茎增高、加粗，叶片数、轮数增多，根茎也随年龄的增长而显著增粗，一般情况下 1 年 1 个芽头长 1 节。其植株一般 2 ~ 3 月出苗，茎呈柱状，通常会随种植年限的增加，茎秆数量会相应增加。这个时期是滇黄精生长发育的快速生长期，对水肥的需求较大，因此要注重水肥的管理，不仅每年秋冬季的底肥要施足，生长旺盛期适当追肥和施叶面肥，同时要防止水涝，避免植株死亡。轮叶期滇黄精根茎已经形成并有一定积累，对外界逆境也有较强的抵抗能力，可以在夏季带苗移栽或冬季倒苗后移栽，移栽过程要注意防止种苗损伤。

图 3 - 7　滇黄精轮叶期

三、生殖生长期

在野外自然状况下滇黄精生长 5 年后能进入生殖生长阶段，在栽培条件下由于水肥充足，出苗 3 年后就可以进入生殖生长阶段。此时滇黄精不仅地上茎增高、加粗，每轮叶片数增多，而且叶片轮数也增加，花、果出现，根茎段也有显著增粗，根状茎呈近圆柱形或近连珠状。滇黄精花期一般为 1 个月左右。花期过后，子房膨大，进入种子生长发育阶段，9 ~ 11 月种子陆续成熟，种球由绿色渐渐变成了黄红色，每个种球内有 3 ~ 5 粒种子，种子外面包被一层黄红色的种皮。成熟后种球有的脱离或有的就留在植株上，新鲜种子千粒重为 150 克左右。滇黄精的叶片数和叶片轮数通常随根茎年龄的增加而增加，到开花年龄，叶片数和叶片轮数趋于稳定。

滇黄精块根的增长速度与地上部分植株的茂盛程度密切相关，也与地下块根大小及根系的发达程度均有关系。地下块根大，根系发达，土壤肥沃，滇黄精块根生长迅速。地上部分与土壤肥力和滇黄精的根系、光照等有关系。土壤肥沃，根系发达，植株的高超过 2 米。光照过强会抑制植株的生长，甚至会灼伤植株；光照不足时则植株叶片突长，但块根营养积累少，不利于滇黄精产量的提高。另外滇黄精在生育早期，块根从土壤中吸收水分和营养供给植株地上部分生长，待地上部分长出以后通过光合作用，植株把空气中的二氧化碳和水分转化为碳水化合物，贮藏于块根中。当植株开花结籽时，开花结籽的物质能量主要来源于植株的光合作用和块茎供给的营养，保证滇黄精种子成熟。冬季由于气温降低，植物为了防止受到冷害或冻害，滇黄精于 11 月底至 12 月初，地上部分枯萎死亡，滇黄精进入冬眠，并为第二年的新植株生长储备能量。

图 3-8　滇黄精花期

图 3-9　滇黄精果期

第三章　栽培技术

第一节　良种选育

一、选地、整地

1. 选　地

（1）大田。根据滇黄精的喜温、耐寒、耐旱、耐高温、耐阴、怕涝等特性，选择海拔在 700~3600 米，年平均气温为 15~25℃，地温为 10~20℃，无霜期在 240 天以上，年降雨量在 850~1200 毫米，土壤 pH 值为 5.5~7.2，土层厚度为 30 厘米以上，灌溉方便，排水良好，土壤质地疏松，有机质含量大于 2% 的沙质棕壤或红壤土的土块。

（2）林地。根据滇黄精野生的生长环境，种植滇黄精可以选择林下种植。林地可以选择果树、华山松、杉木林等常绿阔叶林或落叶阔叶林等树种，避荫度在 50%~70%、利于保水的砂质或腐殖质层深厚的林下，所选林地的海拔高度为 700~3600 米，降雨量为 700~1200 毫米，年均温度为 15~25℃。

2. 搭建荫棚

滇黄精属喜阴植物，忌强光直射，如果采用荫棚种植，应在播种或移栽前搭建好遮阴棚。按 4 米×4 米打穴栽桩，可用木桩或水泥桩，桩的长度为 2.5 米，直径为 10~12 米，桩栽入土中的深度为40~50 厘米，桩与桩的顶部用铁丝固定，边缘的桩子都要用铁丝拴牢，并将铁丝的另一端拴在小木桩上斜拉打入土中固定。在拉好铁丝的桩子上，铺盖遮阴率为 70% 的遮阳网，在固定遮阳网时应考虑以后易收拢和展开。利用农田地种植的滇黄精，于春季在畦旁种植其他作物，为畦面遮阴，保持畦面土壤湿润。

3. 整　地

种植前 1 ~ 2 个月先深翻一遍，移栽前在每亩种植地内施腐熟的农家肥 2000 ~ 3000 千克和草木灰 30 ~ 50 千克翻入土中作基肥，让太阳曝晒自然消毒杀菌，之后把细整平作墒。墒宽 1.2 ~ 1.5 米，墒与墒之间的沟深度应在 20 厘米以上，预防多雨季节墒面积水。在有条件的情况下，可以架设喷灌或滴灌，预防旱季缺水减产；如果所选地块土质偏酸性，可以适当加入草木灰，如果土壤偏碱性，可以增施腐殖酸类有机肥、硫黄粉、生理酸性肥料，确保土质呈中性，可稍微偏酸性。

二、良种选育

目前，滇黄精栽培主要以野生种源或野生变家种的品种为主，野生种源。在云南及其周边地区分布较广。种源经过长期的自然选择，适宜了不同的环境、海拔、气候因素，引种会出现种源不适应、抗病性差、产量低下等情况。滇黄精的种植材料主要来源于野生苗驯化变家种苗，或把野生苗收集来直接按照大小分类，直接移栽，待产生种子后再用种子进行育苗。

第二节　种子繁殖

一、选　种

在立冬前后，选择采摘成熟饱满的滇黄精浆果，将其放置在干燥通风的房间内后熟 20 ~ 25 天，待浆果变软后搓洗掉浆果的果肉部分，即可获得滇黄精种子。把留种后的种子进行后熟处理，可以进一步降低种子的休眠时间，且种子在播种前进行浸泡消毒处理，一方面尽可能地降低种子病虫害的发生率，提高种苗的抗病抗逆性，另一方面大幅提高了种子的发芽率。经过浸泡消毒后，种子的发芽率在 99% 以上。

二、苗床整理

选择疏松肥沃、灌溉方便、排水良好、腐殖质和有机质含量高的沙壤土的地块作苗床，然后在每亩地块上施腐熟的农家肥 2000～3000 千克或者有机肥 1000～1500 千克，之后将其翻入土壤中，闲置 15～20 天后选用吡虫啉、噻虫嗪等其中一种拌成"毒土"在地块上撒施。撒施辛硫磷、噻唑膦颗粒剂（施药量以使用说明书为准）后，旋耕 30 厘米以上，焐上 7～10 天，杀死虫、卵。然后将地块旋耕 30 厘米以上，闲置 7～10 天后将地块整平耙细，开沟理墒，墒面宽 1.2～1.3 米，墒高20～25 厘米，沟宽 30～40 厘米，最后将配制好的杀菌剂药液喷淋在墒面上。选用百菌清、代森锰锌、腐霉利等其中一种杀菌剂药液浇淋墒面土壤（施药量以使用说明书为准），减少土壤病菌。

图 3 - 10　滇黄精苗床整理

三、播　种

播种前先将滇黄精种子放入多菌灵和精甲霜灵各半的 300～400 倍混合液中浸泡 30～40 分钟，取出阴干，然后按照 8～10 厘米的行距在墒面上开沟条播。每亩条播的播种量为 25～30 万粒。然后在墒面上覆盖 1～2 厘米厚的过筛细土或腐殖土，之后再在墒面上覆盖上一层 2～3

厘米厚的松针，松针覆盖完毕后用多菌灵 600 倍液和农用链霉素 600 倍液按体积比 1∶1 的比例配制的混合液浇施墒面，以浇透墒面的土壤为宜，之后隔 15 天再浇施墒面 1 次。

图 3－11　滇黄精播种

四、苗期管理

在出苗期需保持土壤湿润，并搭建遮阴棚，控制遮阴率在 70% ~ 80%，出苗后对幼苗浇施幼苗叶面肥 1~2 次。

若采用组培方法，25 天萌发，60 天即可大田炼苗。成活率为 98%。

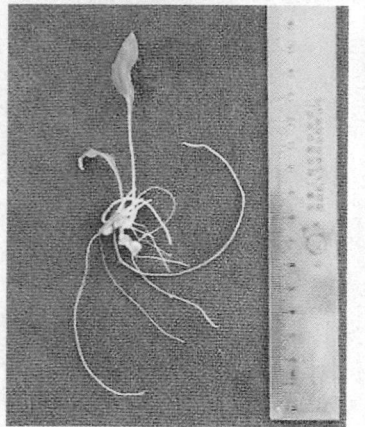

图 3 – 12　滇黄精组培育苗

第三节　根茎繁殖

滇黄精种子繁殖周期较长，一般情况下，从种子播种到出苗移栽至少需要 18 个月。还可以采用块茎切块繁殖。根茎繁殖一般切块时带顶芽部分成活率高，带顶芽切段的根茎的生长量是不带顶芽切段的 1.5 ~ 2.5 倍，并且当年就可以出苗，甚至开花结果。

根茎繁殖的方法为：宜选择 3 ~ 4 年生，顶芽饱满、肥厚，顶色黄润，无损伤痕迹，节为 3 个以上的根茎作为栽种苗。在秋末冬初季节，把块根收集来之后，截取长 5 厘米以上，有 1～2 个芽的根茎，用草木灰沾截面伤口，或用 50% 多菌灵 500 倍溶液浸泡处理伤口。处理好伤口后的繁殖材料可以放置于太阳下短时间照晒或阴凉处放置 2～3 天，之后检查有没有发生霉病的根茎，若发现剔除或进行二次消毒处理。处理后的繁殖材料经过晾晒处理后干收浆后，即可栽种。

图 3 - 13　根茎繁育材料

图 3 - 14　根茎繁育的培苗

第四节　栽培管理

一、种苗或种块选择

选择健康滇黄精苗，或者选择直径为 2～5 厘米的带芽健康根茎。

二、移栽时间

适宜当年 11 月至翌年 3 月期间移栽。

三、种苗（种块）处理

健康种苗直接移栽。根系有损伤或根茎有切口的选用"多菌灵＋精甲霜灵"各半量 500 倍液混合液浸泡 30 分钟，取出阴干，待切处收口再移栽。

四、种苗移栽

在畦面横向开沟，沟深6~8厘米，按株距25~35厘米、行距30~45厘米的密度将秆茎长为2~5厘米、根系定整的健康滇黄精幼苗移栽在种植地内，一定要将顶芽芽尖向上放置，用开第二沟的土覆盖前一沟，如此类推。一般每亩种植4000~6000株。移栽后在幼苗的根部覆土5~6厘米厚，然后用松毛或稻草覆盖畦面，厚度以不露土为宜，起到保温、保湿和防杂草的作用。栽后浇透一次定根水，以后根据墒情每隔3~5天向幼苗浇水1次，保持土壤湿润。

图 3-15　青苗移栽

五、根茎移栽

按株距30~35厘米、行距40~45厘米条栽或穴栽，覆土5~8厘米厚，覆土后稍加镇压并浇水，以后每隔3~5天浇水1次。秋末移栽的，覆盖稻草等保暖越冬。出苗前可根据覆盖厚薄适当调整。保持土壤湿润，利于出苗。

六、水肥管理

滇黄精种植后，在雨季来临前要注意理沟，以保持排水畅通。多雨季节要注意排水，切忌畦面积水。施肥以有机肥为主，辅以复合肥和各种微量元素肥料。有机肥包括充分腐熟的农家肥、家畜粪便、油枯及草木灰、作物秸秆等，禁止施用人粪尿。有机肥在施用前应堆沤3个月以上（可拌过磷酸钙），得到充分腐熟。每亩每次追肥1500千克，于5月中旬和8月下旬各追施1次。在施用有机肥的同时，应根据滇黄精的生长情况配合施用氮、磷、钾肥料。滇黄精的氮、磷、钾施肥比例一般为1:0.5:1，施肥采用撒施或兑水浇施，施肥后应浇一次水或在下雨前追施。在其生长旺盛期（7月~8月）可进行叶面施肥，促进植株生长，用0.2%磷酸二氢钾喷施，每15天喷1次，共3次。喷施应选择在晴天傍晚或阴天进行。

图3-16　施　肥

七、中耕除草

种植第一年的9~10月前后地下茎生长初期，用小锄轻轻中耕，不能过深，以免伤害地下茎；第二年以后宜人工除草，严禁使用化学药剂除草。中耕除草时要结合培土，避免根状茎外露吹风或见光。2~3月苗逐渐长出，发现杂草要及时拔除。除草时要注意不要伤及幼苗和地下茎，以免影响滇黄精生长。

八、摘花疏果及封顶

滇黄精的花果期持续时间较长，并且每一茎枝节腋生多朵伞形花序和果实，消耗了大量的营养成分，影响根茎生长。因此，滇黄精植株生长到 10~13 苔叶时，及时去花封顶，保留 9~11 苔，从而避免养分分散。摘花疏果及封顶可以促进养分集中转移到收获物的根茎部，有利于提高产量。同时为了提高坐果率，可以使用磷酸二氢钾喷施一次。利用风媒、虫媒（蜜蜂）对滇黄精花期进行授粉，节省了授粉成本，不仅增加了滇黄精种子产量，还可以改善果实和种子品质，提高后代的生存力。

九、越冬管理

冬季滇黄精倒苗后，及时清理植株残体，并将残体集中处理。为避免发生冻害，应在苗后在上面盖上 1~2 厘米厚的农家肥和付梓腐殖土（或干松毛）以防止霜冻。下午不能浇水，地块干燥时浇水适宜在上午 10 点~下午 2 点浇水。

第四章 病虫害防治

滇黄精病虫害防控首先做好预防。在健康栽培的基础上，发现病虫害及时清理带出集中销毁，减少和控制田间病虫害源头。尽量不用药剂防控，可使用粘虫板等进行物理绿色防控。

第一节 主要病害防治

一、叶斑病

1. 症 状

叶斑病发病初期从茎秆基部的叶片开始，叶面出现褐色斑点，后病斑扩大呈椭圆形或不规则形，中间淡白色，边缘褐色，靠健康组织处有明显黄晕，病斑形似眼状。病情严重时，多个病斑愈合引起叶枯死，并可逐渐向上蔓延，最后全株叶片枯死脱落。该病病原 *Alternaria* sp. 为一种交链孢菌。

叶斑病一般多发生于夏秋两季，雨季发病较严重。一般6~7月降雨量多，温度较高，植株叶上出现病斑，先在植株基部叶上始发生，并逐渐上移，到7月底发病已较严重，出现整株枯死现象。8、9月伴随多种其他原因田间植株出现枯死，发病达到顶峰。10~11月，发病植株数量将有所减少。高温高湿是叶斑病发生的主要原因。

图 3 - 17　滇黄精叶斑病

2. 防治方法

（1）农业防治。冬季滇黄精倒苗后，及时清除植株地上部分枯枝，将枯枝病残体集中烧毁，消灭越冬病源。（2）药剂防治。雨季来临，发病前和发病初期喷 10% 苯醚甲环唑水分散颗粒剂 1500 倍液，或 50% 退菌灵可湿性粉剂 1000 倍液，每 7 ~ 10 天喷施 1 次，连续喷施 3 ~ 4 次。发病后可喷洒 50% 甲基托不津可湿性粉剂 600 倍液，或 40% 百菌清悬浮剂 500 倍液、25% 苯菌灵·环己锌乳油 800 倍液、50% 甲基硫菌灵·硫黄悬浮剂 800 倍液、50% 利得可湿性粉剂 1000 倍液。间隔 5 ~ 7 天喷施一次，连续防治 3 ~ 4 次。

二、黑斑病

1. 症　状

黑斑病主要发生于滇黄精植株的叶片和茎秆上。叶片染病后产生暗褐色圆形或近圆形或不规则的病斑，四周具有锈褐色轮纹状宽边，病斑在空气湿度大时呈水渍状，病斑干燥后易破裂，条件适宜时，病斑扩散迅速，有时数个病斑相互融合，使得叶片干枯。茎部染病后病斑呈黄褐色椭圆形，逐渐向下或向上扩展。然后病斑中间凹陷变黑，病斑表面长出黑霉。严重时病斑凹入茎内组织，导致茎秆折倒。该病的病原菌为链格孢菌属的一种。黑斑病在 6 ~ 8 月发病最为严重，应当提前预防。

图 3 - 18　滇黄精黑斑病

2. 防治方法

冬季滇黄精倒苗后，及时清除植株地上部分枯枝，将枯枝病残体集中烧毁，消灭越冬病源。休眠期喷洒1%硫酸铜溶液杀死病残体上的越冬菌源。发病初期用50%退菌特1000倍液喷雾防治，每隔7~10天喷药1次，连续喷2~3次。

三、根腐病

1. 症　状

根腐病主要侵染根部。发病初期根部产生水渍状褐色坏死斑，严重时整个根内部腐烂，仅残留纤维状维管束，病部呈褐色或红褐色。湿度大时，根茎表面产生白色或黄色霉层（即为分生孢子）。由于根部腐烂病株易从土中拔起。发病植株随病害发展，地上部生长不良，叶片由外向里逐渐变黄，最后整株枯死。在田间湿度大、积水、土壤板结、覆盖太厚、根部肥害、根茎有创伤或根系受线虫、地下害虫危害等条件下易发根腐病，高温高湿有利发病。该病从苗期至生长中后期均可发生，一般7~9月为发病高峰期。冬季土壤湿度过大，也会发生。

图 3 – 19　滇黄精根腐病（植株）

2. 防治方法

选择避风向阳的坡地栽培，并开沟理墒，以利排水和降低地下水位。播种或移栽时用草木灰拌种苗。初发病时选用75%百菌清600倍液、25%甲霜灵锰锌600倍液、70%代森锰锌600倍液、64%杀毒矾600倍液、80%多菌灵500倍液等药液浇根，7～10天浇施一次，防控2～3次。也可选用50%多菌灵可湿性粉剂600倍液＋58%甲霜灵锰锌可湿性粉剂600倍液混合后浇淋根部。若发现线虫或地下害虫危害，选用10%克灭线磷颗粒剂沟施、穴施和撒施，每亩施用2～3千克；或用50%辛硫磷乳油800倍液浇淋根部。

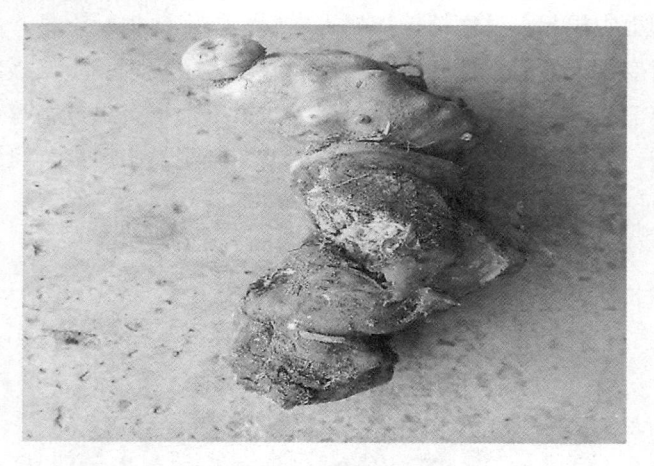

图3－20　滇黄精根腐病（块茎）

四、炭疽病

1. 症　状

炭疽病主要危害滇黄精叶片和茎秆。该病在叶片上、叶尖或叶缘产生圆形、半圆形、椭圆形或不规则形状的病斑，病斑直径为0.5～2.0厘米，多数为1厘米左右。病斑初期褪绿，后期整个病斑中央变成黄白色，病斑外围呈黄褐色，湿度大时，病斑扩展迅速，严重时可造成叶片大量枯死。茎部受害后形成褐色稍凹陷的病斑，其上长出大量黑色小点，后期茎秆枯死。该病的病原菌为 *Colletoruchum circinans*（Berk）。滇黄精的炭疽病主要发生在秋冬季节。

图 3 – 21　滇黄精炭疽病

2. 防治方法

一是加强栽培管理，增施生物有机肥，做好防冻、防旱、防涝和其他病虫的防治，增强植株的抗性能力。二是冬季清除枯枝落叶，并集中烧毁，减少病源。三是药剂防治。在春、夏黄精出苗初期喷施化学药剂，每隔 15～20 天喷施一次，连续 3～4 次。药剂可选用 30% 悬浮剂戊唑·多菌灵龙灯福连 1000～1200 倍液或 70% 默赛甲基硫菌灵 1000 倍液，或 F500 百泰 2000 倍液。

五、褐斑病

1. 症　状

褐斑病该病由半知菌亚门真菌尾孢属引起的病害，主要危害滇黄精叶片，一般从叶缘或叶尖开始发病，发病初期为圆形或椭圆形，紫褐色，后期为黑色，直径为 5～10 毫米，界线分明。严重时病斑可连成片，叶片枯黄脱落。褐斑病全年都可发生，但在高温高湿的多雨炎热夏季危害最重。单株受害的叶片、茎秆或根部，出现梭形、长条形、不规则形病斑，病斑内部呈青灰色水浸状，边缘红褐色，以后病斑变成黑褐色，植株腐烂死亡。

图 3 - 22　滇黄精褐斑病

2. 防治方法

（1）加强栽培管理，移栽时注意土壤消毒，杀死潜伏病菌，种植不宜过密，要注意通风透光，注意排水。（2）发现病叶，要立即摘除并销毁，以防扩散感染。（3）发病初期用 1∶1∶300 波尔多液（硫酸铜∶爆石灰∶水），或 80% 代森锌可湿性粉剂 600 倍液，或 50% 多菌灵可湿性粉 800 倍液，或 70% 甲基托布津可湿性粉 1000 倍液，或 32% 乙蒜素酮乳剂及 30% 菌无菌（乙蒜素）乳剂 1500 倍液喷洒，每隔 7～10 天喷施一次，连喷 2～3 次。（4）发病严重时，应喷药防治，可以喷施 1% 的波尔多液，或 75% 的百菌灵可湿性粉剂 600～800 倍释液，或可喷洒 65% 可湿性代森锌粉剂 500～600 倍液，或 50% 代森铵 200 倍释液，或布托津 200 倍稀释液，连续喷施 3～4 次。

六、茎腐病

1. 症　状

受茎腐病危害的滇黄精植株由下部叶片向上逐渐扩展，呈现青枯症状，最后全株症状明显，很容易与健株区别。病株茎基部较软，内部空松，遇风易倒折。株根系明显发育不良，根少而短，变黑腐烂。剖茎检查，髓部空松，根茎基部和髓部可见到红色病症。茎腐病在雨后高温天气发生较重，主要发生在夏秋季节。

图 3 - 23　滇黄精茎腐病

2. 防治方法

冬春季要清除枯枝、病叶，并将其集中烧毁，减少病源的越冬基数，发现病株及时清除。苗床地要高畦深沟，以利雨后能及时排水。注意通风透气，雨后及时排水，保持适当温湿度。中耕除草不要碰伤根茎部，以免病菌从伤口侵入。发病初期选用58%瑞毒霉500倍液、72%甲霜灵锰锌600倍液、75%百菌清600倍液、80%代森锰锌500倍液、68.75%银法利（氟菌·霜霉威）2000倍液等其中一种药液喷施植株，每隔7~10天喷淋1次，连续防治3次。

七、病毒病

1. 症　状

病毒病主要危害滇黄精叶片，主要表现为浓绿、淡绿相间的花斑，严重时叶片上有泡状斑和雏缩，叶面凹凸不平，植株高度受到影响。病毒病主要发生在高温、干旱、阳光强度大的春末夏初及秋末季节。

图 3 – 24　滇黄精病毒病

2. 防治方法

（1）采用轮作套种不同作物可以减少病原积累，防止病害严重发生。（2）加强田间栽培管理，提高植物抗病毒病的能力。铲除田间地头杂草，拔除病株，除掉毒源。及时治虫防病，也能减轻病害。（3）施肥要以天然有机肥为主，用生物发酵好的肥料，厌氧菌或放线菌类有益防腐微生物为最好，养根壮根，既提高产量又提高其抗病毒能力。

八、枯萎病

1. 症　状

枯萎病多从叶与花上开始发生。感病症状为中间棕色周边发黄的斑点，从正常到被感染过程中的组织可见水渍状斑点。枯萎病的传播和造成危害的速度很快。侵染对象以叶片为主，当感染程度加大成为系统性侵害时，则杀死整个植株。

图 3 - 25　滇黄精枯萎病

2. 防治方法

（1）种子种苗消毒，培育无毒健康种苗。（2）土壤消毒，对种植滇黄精的地块用0.008～2毫克/升的氯化苦消毒。（3）药液灌治。在零星发病田块，用12.5%治萎灵水剂200～300倍液浇灌病苗，每株施10～20毫升，可以减轻发病危害程或恢复生长，尤其对轻病株，效果良好。

九、灰霉病

1. 症　状

灰霉病由灰葡萄孢菌侵染引起，主要侵染叶片、茎秆和花蕾。发病初期病部呈水渍状斑块，逐渐扩大，后期病部产生灰色霉层。病菌在土壤或病残体上越冬及存活。灰霉病借雨、风、农事活动等途径传播。一般在6月底至倒苗前均可发病，7～8月为发病高峰期。在高湿条件、植株茂密、栽培空间郁闭、通风不畅条件下易发病。

图 3 - 26　滇黄精灰霉病

2. 防治方法

及时清除、销毁病残体。加强管理,注意排水和降低湿度,增施有机肥,保持通风透光,提高滇滇黄精抗病力。注意雨前重点预防和控病。发病初期选用40%明迪(氟啶胺+异菌脲)3000倍液、40%嘧霉胺1000倍液或50%啶酰菌胺1200倍液、50%速克灵2000倍液等药液喷施、喷淋植株。

第二节　主要虫害防治

滇黄精的主要虫害有蚜虫、螨虫、地老虎、蝼蛄、红蜘蛛、蛴螬等。

一、蚜　虫

1. 危　害

滇黄精的蚜虫主要以桃蚜和棉蚜为主,春末夏初,气温迅速上升,雨水还没有降下,当春季作物如十字花科、禾本科植物采收后,叶、芽就转移到其他作物上,此时滇黄精刚长出,嫩叶和花是蚜虫喜欢危害的部位,蚜虫的成虫、若虫吮吸嫩叶的汁液,使叶片变黄,植株生长受阻。蚜虫又是传播病毒的媒介,传播病毒的危害比直接危害的损失更重。蚜虫大量繁殖会导致植物顶部的叶和花大量脱落,严重时植株会死亡,造成减产。

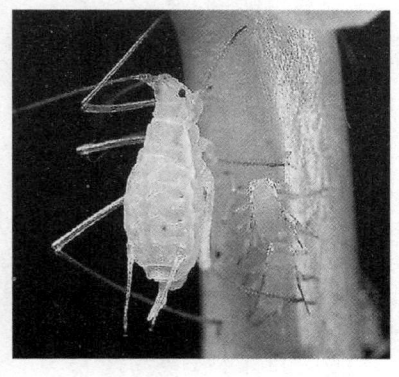

图 3-27　蚜　虫

2. 防治方法

（1）采用粘虫黄板诱杀蚜虫，在地边或大棚里设置黄色板，方法是用塑料薄膜，涂成金黄色，再涂 1 层凡士林或机油，张架在高出地面 0.5 米处，可以大量诱杀有翅蚜。（2）采用银灰色塑料条驱避蚜虫。蚜虫对银灰色有较强的驱避性，可在园内挂银灰色塑料条或铺银灰色地膜趋避蚜虫。此法对蚜虫迁飞传染病毒有较好的效果。（3）根据蚜虫在高温干旱时节容易发生的特点，注意搞好喷水抗旱；在滇黄精地及其周围做好冬季的除草和翻地，清洁田间，不能在滇黄精地周围保留蚜虫过冬的十字花科的蔬菜和植物。尽早控制在点片发生阶段，选用吡虫啉、啶虫脒和苦参碱等按，使用说明书用量防控。对桃粉蚜一类本身披有蜡粉的蚜虫，施用任何药剂时，均应加入 1% 肥皂水或洗衣粉，增加黏附力，提高防治效果。

二、螨　虫

1. 危　害

螨虫主要危害时间为春末夏初，主要在滇黄精的叶背面、茎、嫩尖处群集，以刺吸式口器吸食植物的汁液。被危害叶片背面呈黄褐色至红褐色，正面灰色，叶片变硬变脆失绿，使叶片光合作用受到影响，严重时叶片大量脱落，植株枯死。

2. 防治方法

（1）冬春季要清除枯枝，消灭越冬虫卵。（2）进行轮作。（3）可用 15% 哒螨酮乳油 300 倍液，或 34% 螨虫立克乳油 2000~2500 倍液，或 48% 乐斯本 1000 倍液，或 1.8% 的阿维菌素（齐螨素、新科等）3000 倍液，或 15% 哒螨灵乳油 1500 倍液，或 73% 克螨特乳油 2000 倍液，或 15% 扫螨净乳油 2000 倍液，或 35% 杀螨特乳油 1000 倍液等药剂进行防治。

三、地老虎

1. 危　害

地老虎是一种典型的杂食性害虫，1～2龄幼虫喜食滇黄精心叶或嫩叶，咬成针状小洞；3龄后幼虫可咬断滇黄精嫩茎；4龄以后进入暴食阶段，是危害盛期。3龄前幼虫昼夜活动，3龄后幼虫白天潜伏在滇黄精根部附近土中，晚上或阴雨天气出土活动。危害时期主要为3～5月份。它们白天潜入土中，晚上出来啃食滇黄精的幼根嫩茎，造成缺苗。

图3-28　地老虎

2. 防治方法

（1）在地老虎成虫交配期间用黑光灯或带有发酵气味的物质来诱杀成虫，减少幼虫数量。（2）加强田间管理，及时清除杂草，并进行人工除虫。（3）配制毒饵，在行间或株间撒施毒饵。可用麦麸毒饵（麦麸20～25千克，压碎、过筛成粉状，炒香后均匀拌入40%辛硫磷乳油0.5千克，农药可用清水稀释后喷入搅拌，以麦麸粉湿润为好，然后按每亩用量4～5千克成小堆撒入幼苗周围）和油渣毒饵（把油渣炒香后用甲基异柳磷拌匀），洒在幼苗周围可以诱杀地老虎、蝼蛄等多种地下害虫。（4）在地老虎1～3龄幼虫期，按每亩用2.5%敌杀死乳油

30~40毫升，加水45千克于日落后对农作物的幼苗作常规喷洒，茎叶都要喷湿。地老虎出来觅食，就能使其中毒致死，如对整块地全面喷洒，效果更佳。

四、蛴 螬

1. 危 害

蛴螬主要为暗黑鳃金龟、铜绿丽金龟、棕色鳃金龟、黄褐丽金龟等的幼虫。蛴螬一到两年发生1代。幼虫和成虫在土中越冬，春秋两季危害最重。蛴螬咬食幼苗嫩茎，滇黄精块根被钻成孔眼，当植株枯黄而死时，它又转移到别的植株继续危害。此外，因蛴螬造成的伤口还可诱发病害。

图3-29 蛴 螬

2. 防治方法

（1）实行轮作，不施未腐熟的有机肥料；精耕细作，发现虫卵和幼虫及时处死。（2）用50%辛硫磷乳油按每亩200~250克，加水10倍喷于25~30千克细沙上拌匀制成毒沙，顺墒面撒施，随即浅锄；用2%甲基异柳磷粉每亩2~3千克拌细沙25~30千克制成毒沙；用3%甲基异柳磷颗粒剂、3%呋喃丹颗粒剂、5%辛硫磷颗粒剂或5%地亚农颗粒剂，每亩 2.5～3 千克处理土壤。（3）滇黄精种苗种植时可以适当拌上辛硫磷、敌百虫等粉剂。（4）每亩地用 25% 对硫磷或辛硫磷胶囊剂 150～200 克拌麦麸或油枯等饵料 5 千克，或 50% 对硫磷、50% 辛硫磷乳油 50～100 克拌饵料 3～4 千克，撒于种沟中，亦可收到良好防治效果。（5）可设置黑光灯诱杀成虫，减少蛴螬的发生数量。

五、蝼 蛄

1. 危 害

蝼蛄主要危害滇黄精的根部，蝼蛄以蚯蚓和昆虫的幼虫为食，常在滇黄精地下挖土打洞，从而危害滇黄精的根和块茎，使根和块茎造成伤口，诱发病害。

图 3-30 蝼 蛄

2. 防治方法

（1）灯光诱杀。蝼蛄发生危害期，在田边或村庄利用黑光灯、白炽灯诱杀成虫，以减少田间虫口密度。（2）人工捕杀。结合田间农事操作，对新拱起的蝼蛄隧道，采用人工挖洞捕杀虫、卵。（3）每亩地用 90% 晶体敌百虫晶体用水溶化拌麦麸或油枯等饵料（100～200 倍），于傍晚时撒在已出苗的菜地或苗床的表土上，或随播种、移栽定植时撒于播种沟或定植穴内。（4）当滇黄精地蝼蛄发生危害严重时，每667平方米用1.5～2千克3%辛硫磷颗粒剂，15～30千克细土混匀后撒于地表。

第五章　采收与初加工

第一节　采　收

　　种子繁殖的滇黄精生长 4 ~ 5 年，根茎繁殖的滇黄精生长 3 ~ 4 年即可收获。一般秋末、春初萌发前均可收获，以秋末冬初采收的根状茎肥壮而饱满，质量最佳。

　　采挖前将地上枯萎的植物及杂草清除，集中运出种植地。采挖时可以根据茎痕判断地下块茎的位置，顺着滇黄精种植的行向，依次开挖 20 ~ 35 厘米的深沟，小心挖出滇黄精的块茎。使用竹刀和木条剥离泥土，尽量避免损伤根茎，保证根茎的完好无损。小心放入清洁的竹筐或塑料框中。带顶芽部分切下留作种苗，其余部分洗净干燥。

第二节　初加工

　　滇黄精鲜药材采收以后不宜长期存放，应及时进行干燥处理，才能有效地保持其药用成分，同时便于贮藏和运输，否则容易抽茎变空或发生霉烂，降低其品质。干燥时，可以进行高温或冷冻处理，迅速杀死其细胞，抑制细胞内酶类的活动，减少有效成分的分解。最早的方法是"凡采得，以溪水洗净后蒸从已至子，刀切薄片曝干用"（《雷公炮炙论》）；唐代《千金翼方》记载为"重蒸法"，即"九月末挖取根，拣肥大者去目熟蒸，微曝干又蒸，待再曝干，食之如蜜，即可停"；在《食疗本草》记载"九蒸九曝"的加工方法。采收后，去掉地上部分及须根，洗净泥沙，放蒸笼中蒸 1 ~ 2 小时，以透心为宜，取出晒干或烘干（50℃烘干至含水量≤18%）。晾晒时要边晒边揉，直至全干。

第三节 质量标准

一、滇黄精块茎

滇黄精向来以体粗壮、结节肥厚、质硬而韧、不易折断、色泽黄色至黄棕色、身干无杂、无须根、无霉变者为佳。

二、滇黄精片的等级划分

目前，滇黄精片市场主要分为滇黄精片选货和滇黄精片统货两种。以所有药材商品均为大片，色泽黄色或浅黄褐色，无杂质、虫蛀，无霉变者为选货；以大小不一，色泽黄色或浅黄褐色，无杂质、虫蛀，无霉变者为统货。

滇黄精商品规格等级划分表

基 源	等 级	性状描述	
		共同点	区别点
滇黄精	一等	干货。呈肥厚肉质的结节块状，表面淡黄色至黄棕色，具环节，有皱纹及须根痕，结节上侧茎痕呈圆盘状，圆周凹入，中部突出，质硬而韧，不易折断，断面角质，淡黄色至棕黄色。气微，味甜，嚼之有黏性。无杂质、虫蛀、霉变。	每千克药材所含个子数量在25头以内
	二等		每千克药材所含个子数量在80头以内
	三等		每千克药材所含个子数量多于80头
	统货	干货。结节呈肥厚肉质块状。不分大小。无杂质、虫蛀、霉变。	

来源：《中药材商品规格等级 滇黄精》（中华中医药学会团体标准行业征求意见稿）

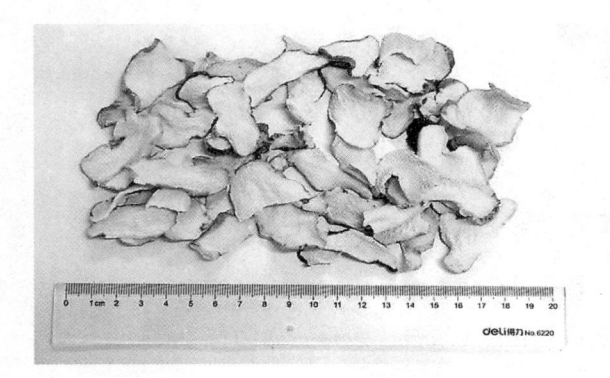

图 3 - 31　滇黄精片选货

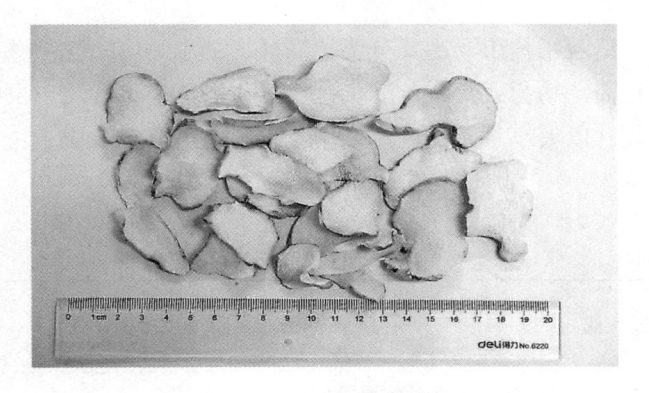

图 3 - 32　滇黄精片统货

此外，滇黄精片还可以分为当年货和陈年货。

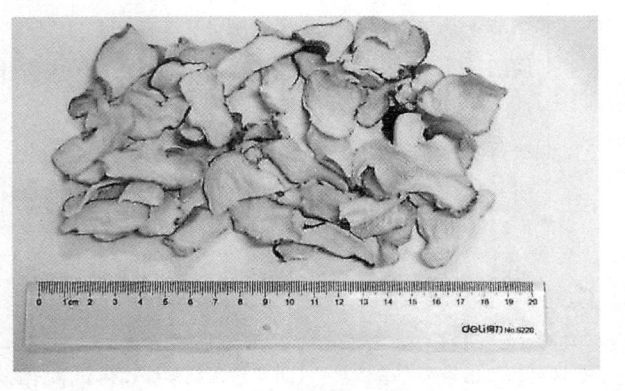

图 3 - 33　滇黄精片当年货

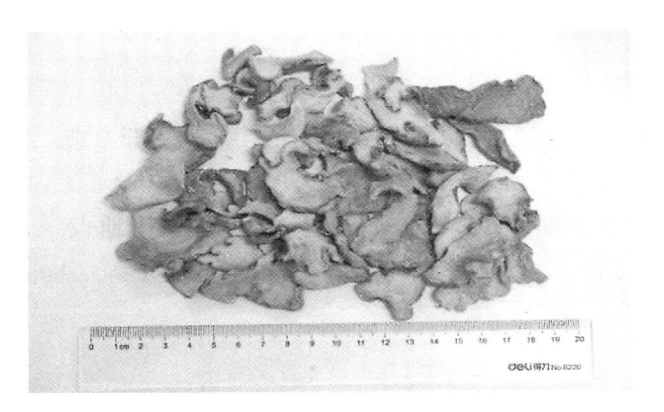

图 3 - 34 滇黄精片陈年货

第四节 包装、贮藏与运输

一、包 装

滇黄精富含多糖，在贮藏过程中容易生虫蛀和出现霉变，为了防止滇黄精药材发霉、变质，可采用聚乙烯塑料膜、牛皮凝膜纸、铝箔/聚乙烯塑料复合膜作为包装材料。滇黄精干燥根茎分级后，采用食品级材料包装，将全干燥的滇黄精装入洁净的聚乙烯塑料膜、牛皮凝膜纸、铝箔/聚乙烯塑料复合膜袋中，内衬防潮纸，每件可包装 20 千克、25 千克或 50 千克，在包装外标签上注明品名、等级、数量等并附合格证、装箱单和出货日期，然后打包成件。

二、贮 藏

采用密封的塑料袋比较好，能有效地控制其安全水分（＜18%）。主要针对滇黄精易吸潮的特点进行贮藏，同时可将密封塑料袋装好的药材放入密封木箱或铁桶内，防虫防鼠。包装好的滇黄精商品药材，及时贮存在清洁、干燥、阴凉、通风、无异味的专用仓库中，要定期检查，防止霉变、鼠害、虫害。

三、运 输

　　滇黄精的运输应遵循及时、准确、安全、经济的原则。将固定的运输工具清洗干净（运输工具必须清洁、干燥、无异味、无污染），将成件的商品滇黄精捆绑好，遮盖严密，及时运往贮藏地点。运输中应防雨、防潮、防污染，严禁与可能污染其品质的货物混装运输，避免污染。

第四篇

滇重楼规范化栽培技术

◎ 概　述

◎ 生物学特性

◎ 栽培技术

◎ 病虫害防治

◎ 采收与初加工

第一章 概　述

重楼又称七叶一枝花、金线重楼、灯台七、铁灯台、蚤休、草河车、白河车、枝花头、海螺七、螺丝七，为百合科重楼属植物。秋季采挖，除去须根，洗净，晒干，以根状茎入药，是很多著名中成药的原料，具有清热解毒、消肿止痛、凉肝定惊等独特功效。野生重楼主要分布在我国的云南、贵州、四川三省，属多年生喜阴草本植物，喜湿润、荫蔽的环境。全世界重楼属有 24 种，中国有 18 种，云南 14 种。滇重楼是《中国药典》规定的中药材重楼的基源植物，主要分布在云南，适应范围广。

第一节　栽培历史

重楼药材原名蚤休，在我国用药历史悠久，应用较为广泛，向来被誉为蛇伤痈疽之良药，大部分本草书籍均有记载。早在秦汉时期的《神农本草经》就记载有："蚤休，味苦微寒，主惊痫，摇头弄舌，热气在腹中，癫疾，痈疮，阴蚀，下三虫，去蛇毒，一名蚤休，生山谷。"该书对其功效及生长环境进行了描述，但未指明具体产地。

魏晋时期《名医别录》记载为："蚤休，有毒。生山阳及冤句。"南朝时期《本草经集注》记载为："味苦，微寒，有毒。主治惊痫，摇头弄舌，热气在腹中，癫疾，痈疮，阴蚀，下三虫，去蛇毒，一名蚩休，生山阳、川谷及冤句。"其中"山阳"指今山东全县或河南武县，"冤句"指今山东菏泽市，说明当时重楼在黄淮地区有分布。

唐代《新修本草》记载："蚤休，味苦，微寒，有毒。主治惊痫，摇头弄舌，热气在腹中，癫疾，痈疮阴蚀，下三虫，去蛇毒，一名蚩休。生山阳、川谷及冤句。[谨案]今谓重楼者是也。一名重台，南人名草甘遂。苗似王孙、鬼臼等，有二三层，根如肥大菖蒲，细肌脆白，醋摩疗痈肿，敷蛇毒，有效。"该书已确认蚤休为重楼。"重楼""重台"均代表蚤休叶一轮，顶生花一朵的体态，"草甘遂"代表该植物"根如肥大菖蒲"之形状。《日华子本草》记载："重台根冷无毒，治胎风，搐手足，能吐泄瘰疬，根如三尺蜈蚣，又如肥紫菖蒲，又名蚤休，螫休也。"进一步说明此植物根茎多节，节密如蜈蚣的特点。但从唐代的典籍只能推测为重楼属植物，未能明确其具体生物学种，产地未有扩大。

宋代苏颂《本草图经》记载为："蚤休，即紫河车也，俗称重楼金线。生山阳、川谷及冤句，今河中、河阳、华凤、文州及江淮间亦有之，苗叶似王孙、鬼臼等，作二三层，六月开黄紫花，花蕊赤黄色，上有金丝垂下，秋结红子，根似肥姜，皮赤肉白。四月、五月采根，日干用。"表明其分布于黄河以南及江淮间。结合《本草图经》中的滁州蚤休图和文字记载分析，滁州蚤休为七叶一枝花。

明代兰茂的《滇南本草》记载："重楼，一名紫河车，一名独脚莲。味辛、苦，性微寒。……是疮不是疮，先用重楼解毒汤。此乃外科之至药也，主治一切无名肿毒，攻各种疮毒痈疽，发背痘疗等症最良。"《滇南本草》首次以"重楼"（"虫楼""重楼"）作为正式药名记载，并被奉为"外科之至药"。《滇南本草》整理组定重楼为云南重楼，因为云南分布最广、应用最普遍的正是云南重楼，群众都称之为重楼。明代李时珍《本草纲目》记载："重楼金线，处处有之。生于深山阴之地，一茎独上，茎当叶心，叶绿色似芍药，凡二三层，每一层七叶。茎头夏月开花、一花七瓣，有金丝蕊，长三四寸。王尾山产者至五、七层。根如鬼臼、苍术状，外紫中白，有粳、糯二种。外丹家采制三黄、砂、汞。入药洗切焙用。俗谚云：七叶一枝花，深山是我家。痈疽如遇者，一似手拈拿，是也。"增加了三层草、七叶一枝花、草甘遂等别名，同时解释了"蚤休"等语的含义，曰虫蛇之毒，得此治即休，故有蚤休、螫休诸名。重楼三台因其叶状也；金线重楼，因其花状也；甘遂，因其根状也；紫河车，因其功用。详细叙述了重楼的植物形态、药材加工方法，对根"有粳、糯二种"的叙述则是把重楼药材区分为角质重楼和粉质重楼。从《本草纲目》中蚤休图看形态与七叶一枝花近似。

清代吴其浚《植物名实图考》："蚤休，《本经》下品，江西、湖南山中多有，人家亦种之，通呼为草河车，亦曰七叶一枝花，为外科要药，滇南谓之重楼一枝箭，以其根老横纹粗皱如虫形，乃作虫薁字，亦有一层六叶者，花仅数缕，不甚可观，名逾其实。子色殷红。"根据图及分布区域，为七叶一枝花，亦即"湖南、江西山中多有"的七叶一枝花。此外，文中谈到的"滇南谓之重楼一枝箭"应该为云南重楼。

根据上述记载，古时蚤休包括了七叶一枝花及其以外品种，其异名较多，主要有重楼、重台、紫河车、重楼金线等，主治惊痫、痈疽，去蛇毒，但在明代《滇南本草》之后，有记载："是疮不是疮，先用重楼解毒汤。此乃外科之至药也，主治一切无名肿毒，攻各种疮毒痈疽，发背痘疔等症最良"。其用途除了去蛇毒以外，还运用在治疗无名肿毒等方面，并被奉为"外科至药"沿用至今。

第二节　功效及应用

一、功　效

重楼具有清热解毒、消肿止痛、凉肝定惊等独特功效。主治跌扑伤痛、咽喉肿痛、蛇虫咬伤、疗疮痈肿、惊风抽搐。具有止血、免疫调节、抗肿瘤、细胞病毒、抗炎、心血管、抗菌抑菌、镇静镇痛等作用。

痈肿疗疮：重楼有清热解毒、消肿止痛之功，为治痈肿疔毒、毒蛇咬伤的常用药。

咽喉肿痛：重楼用治咽喉肿痛、痄腮、喉痹，常与牛蒡子、连翘、板蓝根等同用，若治瘰疬痰核，可与夏枯草、牡蛎、大贝母等同用。

毒蛇咬伤：重楼单用研末冲服，另用其鲜根捣烂外敷患处，治疗毒蛇咬伤，红肿疼痛，也常与半边莲配伍使用。

惊风抽搐：重楼苦寒入肝，有凉肝泻火、息风定惊之功，用于小儿热极生风、手足抽搐等均有良效。

跌打损伤：重楼能消肿止痛、化瘀止血，治疗外伤出血、跌打损伤、瘀血肿痛。

二、药理作用

止血作用：重楼里所含的甾体皂苷具有广泛的药理作用和重要的生物活性，尤以其明确的止血作用而倍受重视。有实验表明，重楼等七种生药对小鼠灌胃，均呈较强的止血作用。

抗癌作用：重楼的水、甲醇和乙醇提取物对 A－549、MCF－7、HT－29 等 6 种人体肿瘤细胞均有明显的抑制作用，并证明其中成分 Gracillin 对肿瘤细胞有抑制作用。

抗炎作用：重楼对实验动物炎症的影响试验结果显示，重楼具有显著的抗炎作用，不仅能抑制二甲苯致小鼠耳廓肿胀和蛋清诱发的大鼠踝关节肿胀，而且能明显抑制棉球诱发的肉芽形成。

抗菌作用：重楼对宋内氏痢疾杆菌、黏质沙雷氏杆菌、大肠杆菌、金黄色葡萄球菌（敏感和耐药）有一定的抑制作用，对绿脓杆菌有扩散色素作用，对其他菌作用不明显。

第三节　资源分布情况

重楼属有 24 个种，我国有 18 种，其中云南有 14 种；大部分重楼都可以药用，但只有滇重楼和七叶一枝花被列入《中国药典》（2010 版）。历史上滇重楼野生资源十分丰富，生长在海拔 1400～3100 米的常绿阔叶林、云南松背阴处或阴湿山谷中，为半阴生植物。由于长期掠夺式的采挖，滇重楼野生资源日益减少，现已被列为云南省 30 种稀缺濒危天然药物之一。

第四节　种植情况及发展前景

重楼是百合科植物，主要产于云南、贵州、四川等地，湖南、安徽、浙江、江苏亦有零星分布。随着家种重楼种植技术的逐渐成熟，种植年限已缩短为 4～5 年，但种植成本高。野生重楼生长周期在 4～5 年左右，甚至更长，生产恢复比较缓慢，采挖量逐年减少。重楼作为重要的中药抗病毒品种，刚性需求长期存在，主要用于中成药生产，少量用于饮片。

据有关数据统计显示，2009 年云南、贵州、四川三省重楼种植面积 3000 亩，以云南种植为主；从 2012 年开始，四川、贵州开始大面积种植重楼，甚至湖南、福建、广西亦有小规模种植；2015 年云南种植重楼的面积达到 3 万亩，主要集中在丽江、大理、文山、保山、德宏、临沧等地。2016 年云南省公布的数据显示，云南重楼种植面积已达 8 万亩。2017 年云南农业厅公布的数据显示，云南重楼种植面积已飙升至 10.36 万亩。

近年来重楼市场需求加大，始终处在供不应求的局面。我国重楼人工种植处于种子繁育阶段，重楼种植周期比较长，短时间很难有大货供应市场，所以这几年重楼价格节节攀升。近年来农民采挖野生重楼积极性高涨，野生资源枯竭，预测未来十年，重楼价格下跌的可能性非常小，相反还有很大上涨空间。重楼的野生驯化家养，是市场发展的必然趋势。

第二章 生物学特性

第一节 滇重楼的分类

云南重楼又叫滇重楼、七叶一枝花、独脚莲，为百合科多年生草本植物，主产云南、贵州、四川等省，云南省内各县（市）多数地区有野生，以根茎入药。

第二节 植物形态特征

滇重楼，别名独角莲，是多年生草本植物。根状茎棕褐色，横走而肥厚，粗可达 3 厘米，表面粗糙具节，节上生纤维状须根。茎单一，直立，圆柱形，光滑无毛，基部常带紫红色，高 50～100 厘米，基部有 1～3 片膜质叶鞘抱茎。叶有 5～9 片，通常为 7 片，轮生于茎顶，壮如伞，其上生花 1 朵，长 7～17 厘米，宽 22～6 厘米，为倒卵状长圆形或倒披针形，先端锐尖或渐尖，基部楔形至圆形，全缘，常具一对明显的基出脉，叶柄长 0～2 厘米。花顶生于叶轮中央，两性，花梗伸长。花被两轮，外轮被片 4～6，绿色，卵形或披针形；内轮花被片与外轮花被片同数，线形或丝状，黄绿色，上部常扩大为宽 2～5 毫米的狭匙形。雄蕊 2～4 轮，8～12 枚，花药长 5～10 毫米，药隔较明显，长 1～2 毫米。子房近球形，绿色，具棱或翅，1 室。花柱基紫色，增厚，常角盘状。花柱紫色，花期直立，果期外卷。果近球形，绿色，不规则开裂。种子多数，卵球形，有鲜红的外种皮。4～7 月为花期，10～11 月蒴果开裂。

第三节　药材性状特征

一、生药材性状

重楼根呈结节状扁圆柱形，略弯曲，长 5～12 厘米，直径 1.0～4.5 厘米。表面黄棕色或灰棕色，外皮脱落处呈白色；密具层状凸起的粗环纹，一面结节明显，结节上具椭圆形凹陷茎痕，另一面有疏生的须根或疣状须根痕。顶端具鳞叶及茎的残基。质坚实，断面平坦，白色至浅棕色，粉性或角质。无臭，味微苦、麻。

二、含量测定

【鉴别】本品粉末白色。淀粉粒甚多，类圆形、长椭圆形或肾形，直径 3～18 微米。草酸钙针晶成束或散在，长 80～250 微米。梯纹导管及网纹导管直径 10～25 微米。

【检查】水分不得过 12.0%（通则 0832 第二法）。

总灰分不得过 6.0%（通则 2302）。

酸不溶性灰分不得过 3.0%（通则 2302）。

【含量测定】本品按干燥品计算，含重楼皂苷 I（$C_{44}H_{70}O_{16}$）、重楼皂苷 II（$C_{51}H_82O_{20}$）、重楼皂苷 VI（$C_{39}H_{62}O_{13}$）和重楼皂苷 VII（$C_{51}H_{82}O_{21}$）的总量不得少于 0.60%。

第四节　生物学特性

滇重楼有"宜荫畏晒，喜湿忌燥"的习性，喜湿润、荫蔽的环境，在地势平坦、灌溉方便、排水良好，含腐殖质多、有机质含量较高的疏松肥沃的砂质壤土中生长良好。滇重楼生长过程中，要求较高的空气湿度和遮蔽度。适宜生长在海拔 1600～3100 米，年平均气温为 12～13℃，无霜期 270 天以上。年降雨量为 850～1200 毫米，降雨量集中在 6～9

月间，空气湿度在 75% 以上的地区。土壤夜潮，能满足滇重楼生长发育对土壤含水量的需求。在种植滇重楼时，建造的荫棚遮阴率在 60% ~80% 之间，散射光能有效促进滇重楼的生长。

通过对重楼植物的化学成分分析，已从中分离鉴定了 50 余种化合物，主要有脂肪酸酯、甾醇及其甙、黄酮甙、C27 甾体皂甙、C21 孕甾烷甙、β - 蜕皮激素及多糖，其中甾体皂甙 44 种，占总化合物的 80% 以上，均有很强的生理和药理活性。

第五节　生长发育规律

滇重楼为多年生草本植物，生命周期较长，一般都在 10 年以上。滇重楼整个生命周期从种子萌发开始，可以划分为种子萌发期、营养生长期、生殖生长期。

一、种子萌发期

当滇重楼种子脱落时，在种子内有一椭圆形未分化的细胞团，其周围的胚乳细胞厚且角质化，充满了淀粉粒，不利于空气和水分的进入，种子中的营养物质不易软化溶解为胚发育所需的营养，因此种子萌发缓慢。在野外，重楼种子的脱水过程依赖季节和气候的变化来完成。种子萌发需经历 2 个阶段，即形态后熟和生理后熟。自然情况下种子萌发需经历 2 个冬天、1 个夏天，一般播种后 3 ~4 个月开始萌动，在播种当年年底萌发一条主根，到了第二年萌发一片心形叶片，进入营养生长期。

二、营养生长期

滇重楼的营养生长发育需 5 ~6 年，之后才进入生殖生长期，才开始开花结果。滇重楼的营养生长期又可划分为心形叶期、二叶及多叶期。

心形叶期：当心形叶片出土后，可以依靠根部吸收的水分及营养物质进行光合作用，所产生的碳水化合物又通过叶脉和茎的运输组织进行运输，重楼幼苗开始进行自养。这段时期重楼若遭受自然灾害和病虫害造成叶片丧失，植株极易死亡。心形叶期是滇重楼生长的脆弱期，也是滇重楼生长的关键期。

二叶及多叶期：滇重楼在心形叶期生长 1～2 年后，此时的滇重楼地上茎增高、加粗，叶片数增多，根茎段也有显著增粗。其植株一般 4～5 月出苗，茎呈柱状，通常单一，但也有两株或三株的。这个时期是重楼生长发育的快速期，对水肥的需求较大，因此要注重水肥的管理，不仅每年秋冬季的底肥要施足，生长旺盛期也要适当追肥。多叶期重楼根茎已经形成并有一定积累，对外界环境也有较强的抵抗能力，是重楼最适合移栽的时期。

三、生殖生长期

野外自然状况下滇重楼生长 7 年也未必能进入生殖生长阶段，在栽培条件下由于水肥充足，出苗 4 年后四叶期就可以进入生殖生长阶段。在生殖生长期滇重楼生长迅速，不仅地上茎增高、加粗，叶片数增多，花、果出现，根茎段也有显著增粗，地下茎呈螺丝状。其植株一般 4～5 月出苗，随后就是花期，地上茎抽出后，花芽已在茎顶端长成，包藏于未展开的叶丛内，2～3 天后，花部露出，花梗伸长，叶、花展开。9～11 月种子陆续成熟，蒴果开裂，种子外种皮由淡红色转变为深红色，成熟后自然脱落，果实重 0.24～26.20 克，含种子 1～268 粒。滇重楼的叶片数通常随根茎年龄的增加而增加，到开花年龄，叶片数趋于稳定。

第三章　栽培技术

第一节　种子生产

滇重楼属于常异花授粉植物。试验表明，人工或蜜蜂辅助授粉能显著提高种子产量。人工授粉方法如下：（1）授粉植株选择。选择萼片松散、平展，柱头刚暴露的植株。（2）人工授粉时间。上午9~11点。（3）人工授粉方法。先用洁净的毛笔把开裂花粉囊上的花粉轻轻刷落，收集到培养皿上进行集中混合，然后用毛笔蘸上混合后的花粉轻轻涂抹到授粉植株的柱头上。（4）注意事项。应及时授粉，柱头打开后的3~5天内完成人工授粉，效果最好。人工授粉应选择晴朗天气，阴雨天气直接影响人工授粉的效果。每株滇重楼连续授粉2~3次，每隔1天授粉一次。授粉时采用混合花粉，尽量避免自花授粉。

图4-1　滇重楼人工授粉

第二节　育苗前期准备

滇重楼的种苗繁育可以通过有性繁殖和无性繁殖实现。有性繁殖以种子为材料，通过培育2~3年，获得商品种苗。无性繁殖以地下根茎为材料，通过切段或切块诱导成苗，或分芽成苗。无性繁殖还可以通过取材营养器官，通过组织培养实现。本书主要介绍种子育苗和块茎育苗。

品种选择：选择适合本地种植、达到药典含量标准、成熟的滇重楼优良种子或带芽块茎。

苗床选择：选择地势平缓、灌溉方便、排水良好、疏松的砂壤土作为苗床。选好种植地后清除杂草、作物残渣等杂物，并集中处理，之后进行翻犁。

搭建荫棚或大棚：滇重楼属喜阴植物，忌强光直射，幼苗适宜在遮阴棚或大棚内加遮阴环境条件下生长。根据各环境条件调整遮阴率为80%左右的遮阳网，用塑钢绳固定。

苗床施肥：将充分腐熟的农家肥按每亩 2000～3000 千克或有机肥按每亩 1000 千克均匀地撒在地面上，然后进行翻耕，将肥料均匀翻入土中，闲置 15～20 天。

土壤杀虫：选用敌百虫、辛硫磷等其中一种拌"毒土"撒施（施药量以使用说明书为准），用旋耕机旋耕 30 厘米以上，焐 7～10 天，消灭虫、卵。

图 4-2　苗床准备

土壤杀菌：最后一次旋耕完后选用百菌清、代森锌、腐霉利等其中一种杀菌剂药液浇淋土壤（施药量以使用说明书为准），减少土壤病菌。

理墒：土壤旋耕耙平后开墒，畦面宽 1.2 米、高 20～25 厘米，沟宽 30～40 厘米。

第三节　种子育苗

一、选　种

滇重楼的果实在 8～9 月份开裂，待种子外种皮皱缩时，进行采收并去除未成熟的种子。将种子置于常温下堆放 25～35 天，使种子肉质外果皮腐烂，然后经自然脱落或水洗清除外果皮，即可获得滇重楼种子。将留种后的种子置于室温下经湿砂贮存 25～30 天，再置于 3～5℃，的低温下保湿 25～35 天可以解除休眠。在播种前用"百菌清 + 农用链霉素"混合 500 倍液浸泡 1～2 小时，一方面尽可能地降低种子病虫害的发生率，提高种苗的抗病抗逆性，另一方面大幅地提高种子的发芽率。

图 4 - 3　成熟的滇重楼种子

图 4 - 4　去皮晾干后的滇重楼种子

二、苗床整理

选择地势平缓、灌溉方便、排水良好、疏松的砂壤土作苗床，播种前 7～10 天用 0.5% 的多菌灵或甲基托布津进行土壤消毒，每亩用 2～3 千克辛硫磷杀虫。基肥，每亩施用已充分腐熟的农家肥 3000 千克和草木灰 600 千克，然后深翻土壤，使肥料与土壤充分搅拌均匀。地块整平耙细后开沟理墒，墒面宽 120 厘米，墒高 20～25 厘米，沟宽 30～40 厘米。苗床应做到下松上实，以提高土壤的通透性

三、播　种

播种前将滇重楼种子放入清水中浸泡，种子完全吸涨后（需 7～10 天，每 2 天换水一次）捞出，晾干种子表面水分，直接播种下地。按 4 厘米×4 厘米的株行距播于苗床上，每亩用种 10～12 千克；也可撒播，将种子均匀撒播于苗床上，每亩用种 12～14 千克。播种后均匀覆盖腐殖土或过筛细土厚 1.5～2 厘米，再在墒面上盖一层松针或其他覆盖物。播种后覆盖完，第一次浇水选用"多菌灵 + 农用链霉素"各 600 倍液的

混合液浇施墒面。然后根据天气情况每隔 7～10 天浇水一次，浇水量不宜过多，保持土壤湿润（土壤水分在 40%）。苗床管理期间注意补充苗床覆盖物，以防止局部苗床裸露造成种子失水死亡。少数种子当年即出苗，但大部分要在第二年 3 月左右才出苗。

图 4-5　播　种

四、苗期管理

种子出根以后，适当控制水分，每隔 10～15 天浇水一次（土壤水分在 30% 左右）。在这个过程中，经常观察胚根的生长情况，根毛是否生长正常，根尖有没有发黄。如果出现根尖发黄，根毛减少，就要降低土壤湿度。见杂草即除，禁止使用化学除草剂。子叶长出后，可每月在浇水后喷施一次 1‰～2‰的磷酸二氢钾溶液。喷施富含腐殖酸的叶面肥，每亩用量 3 千克，和磷酸二氢钾交替使用。

五、种子苗培育管理

滇重楼种子苗需要经过 2～3 年的培育，待地下根茎生长超过 5 克后，方能移栽。因为在滇重楼种子苗培育中不同生长年限的幼苗对光的需求不同，需要根据生长年限来调整遮阴率，遮阴率过高会影响植株的光合作用，不利于幼苗的生长。遮阴率过低则会抑制幼苗植株的生长，叶面积变小，只有正常叶片面积的 1/2 ~ 2/3，甚至会造成叶片卷曲。一般来说，一年生重楼种子苗的遮阴率以 80% 为宜，两年生种子苗以65% ~ 70% 为宜，三年生种子苗（或三年以上）以 50% ~ 60% 为宜。

六、追 肥

滇重楼种子苗幼苗的肥料应以叶面喷施为主，辅以复合肥和腐熟的农家肥。追肥应从种子苗出苗时开始。一年生种子苗用尿素、磷酸二氢钾、腐殖酸、多菌灵、中生菌素等配成 800 ~ 1000 倍溶液叶面喷施，4 ~ 10 月每月 1 次；每亩撒施氮、磷、钾含量为 "15 ~ 15 ~ 15" 的优质复合肥 2 ~ 3 千克，4 ~ 10 月每月 1 次。二年生、三年生的种子苗用尿素、磷酸二氢钾、腐殖酸、多菌灵、中生菌素等配成 300 ~ 500 倍溶液喷施叶面，4 ~ 10 月每月 1 次；每亩撒施氮、磷、钾含量为 "15 ~ 15 ~ 15" 的优质复合肥 5 ~ 10 千克，4 ~ 10 月每月 1 次。

图 4 - 6　苗床水肥管理

七、幼苗期病虫害防治

滇重楼幼苗病害主要有立枯病、茎腐病、叶斑病、疫病、锈病等，虫害主要有地老虎等。病虫害防治以预防为主。发病初期喷施恶霉灵、多菌灵、甲基托布津、中生菌素等药剂。叶部虫害用阿维菌素、溴氯氢菊酯等防控。

第四节　块茎繁殖

一、选　种

11 月份待滇重楼倒苗后，块茎进入休眠期进行采挖，选择直径 2～5 厘米完整无损、无病虫害的健康重楼根茎，作切块繁殖材料。

图 4-7　滇重楼根茎切段繁殖

二、切　块

在滇重楼即将倒苗时，挖出根茎，尽量保留须根。选取健康滇重楼块茎，以节为基础切割，切口在相邻两节的节间，最好在每块芽眼中部，切块长 2～4 厘米。切刀要薄而利，避免伤口出现裂纹，以减少感染面。但经观察发现，靠近顶端的几个节萌芽能力较强，越向后则萌芽能力越差。因此，切块繁殖时，建议只使用顶部的 3～5 节，后端的作为药材使用。

图 4 - 8　多茎滇重楼分芽繁殖

三、切后处理

将切好的块茎，采用浓度为 10 毫克/升的 6 - BA、2，4 - D，加
"多菌灵 + 中生菌素" 各 500 倍液混合液浸泡 10 分钟，然后取出阴干水
分，待伤口愈合（结痂）；或切口用草木灰处理后稍做晾干，以防止感
染而腐坏，然后按照大田种植的标准及时栽入大田。

图 4 - 9　理顺须根，芽头向上

四、切块分类

滇重楼根茎的各部位切段都能繁殖出新植株，但不同部位出苗时间有差异，带顶芽的部位与不带顶芽切段分开播种，出苗较整齐，便于管理。多数切块在第二年春季便可出苗，但有一部分可能要到第三年才会出苗。

五、播　　种

将处理好的块茎按5厘米×5厘米的株行距播于准备好的苗床上，播后覆盖1.5~2厘米厚的腐殖土或细土，再在墒面上盖2~3厘米松针或其他覆盖物。之后选用"百菌清＋农用链霉素"各600倍液的混合液代替定根水浇施墒面。

图4-10　在苗床上铺盖一层松针或碎草

第五节　幼苗管理

一、保水保墒与防涝排湿

云南省是典型的季风气候,干湿季节分明。干季时应视墒情,至少每隔 7 天浇水一次,使土壤含水量一直保持在 30% 左右。雨季时应视天气情况减少浇水频次,注意及时排涝。

二、追　肥

出苗后待子叶展开后,注意及时拔除杂草。杂草要尽可能除早除小,避免与幼苗争肥、水、光、热,以免影响幼苗生长。有时因水分过大,会发生立枯病。立枯病一般发生在 5 ~ 6 月,幼苗茎基部出现黄褐色水渍状条斑,病部缢缩溃烂,幼苗倒地死亡。防治方法:及时排水,避免土壤湿度过大;发现病株及时拔出,苗床喷洒 500 倍 50% 多菌灵,每隔 7 天喷洒 1 次,连续 2 ~ 3 次;根据长势适当补施叶面肥,选择喷施 0.1% 磷酸二氢钾或黄腐酸或腐殖酸。

三、苗床病虫害防控

苗期病虫害发生较少,零星发生要及时清除。具体防控措施如下:

(1) 零星发生地下害虫,选用辛硫磷、吡虫啉等其中一种药液(按说明书用量低浓度)浇淋墒面。

(2) 防治猝倒病和根腐病,选用腐霉利、多菌灵 + 甲霜灵锰锌等其中一组混合药液(按说明书用量低浓度)浇淋苗床。

(3) 防治叶斑病,选用苯醚甲环唑、咪鲜胺等其中一种药液(按说明书用量低浓度)喷施叶片正反面。

(4) 防治灰霉病,选用嘧霉胺、啶酰菌胺等其中一种药液(按说明书用量低浓度)喷淋植株。

(5) 药剂防控一般 2 ~ 3 次,每次间隔 7 ~ 10 天。

第六节 大田移栽

一、选地、搭遮阴棚

选择灌溉方便、土壤肥力中上、疏松的砂壤土、富含腐殖质、保湿、利于排水的坡地或缓坡地。最好选择生荒地或前茬为玉米、荞麦等禾科作物的坡地地块进行移植。滇重楼喜荫蔽、惧强光，在播种或移栽前应搭建好遮阴棚，四周按 4 米×3.8 米打穴栽桩，可用水泥桩，桩的长度为 2.5 米，直径为 10 厘米×8 厘米，桩栽入土的深度为 40 厘米，用铁丝固定，在拉好铁丝的桩子上放上可根据环境条件调整遮阴率为 60%～80% 的遮阳网，用塑钢绳固定。

二、整地理墒

选好种植地后在移植前应清除杂草、作物残渣等杂物，并集中处理，之后进行翻犁。每亩施用 3000～5000 千克充分腐熟的农家肥，然后旋耕，让太阳暴晒自然消毒杀菌。种植前选用敌百虫、辛硫磷等其中一种拌"毒土"撒施（施药量以使用说明书为准），之后耙细整平、理墒。应根据地块的坡向进行理墒，利于排水。墒面宽 1.2 米、高 35～40 厘米。墒与墒之间的沟深度应在 30 厘米以上，预防多雨季节墒面积水。在有条件的情况下，可以架设喷灌或滴灌，预防旱季缺水。

三、移 栽

移栽时间可选择在 10 月左右进行。选择苗龄为 2～3 年、长势良好、无病虫害的健康苗，用"百菌清＋农用链霉素"500 倍液混合液浸泡根部 10～20 分钟，取出晾干，可预防立枯病、猝倒病、烂根等。株行距根据品种进行调整，一般株行距 20 厘米×30 厘米，每亩种植 1.0～1.2 万株。栽完后，用松针或稻草覆盖畦面，厚度为 2 厘米～3 厘米，起到保温、保湿和防草的作用。然后浇透定根水，以后根据土壤墒情适时浇水，保持土壤湿润。

图 4 - 11　健康滇重楼苗

四、中耕管理

1. 水肥管理

云南地区的冬春季节较干旱，要根据滇重楼种植地块的墒情及时补水，土壤水分保持在 30% ~ 40% 之间。有条件的地方可采用喷灌、滴灌，以增加土壤、空气湿度，促进滇重楼的生长。滇重楼怕水涝，雨季来临前要注意理沟，以保持排水畅通，切忌畦面积水。遭水涝的滇重楼根茎易腐烂，植株出现死亡，产量减少。

滇重楼的施肥以有机肥为主，辅以复合肥和各种微量元素肥料。有机肥包括充分腐熟的农家肥、家畜粪便、油枯及草木灰、作物秸秆等，有机肥在施用前应堆沤 3 个月以上（可拌过磷酸钙），以充分腐熟。(1) 施肥时间：一般 6 月到 8 月滇重楼生长最快，必须在 5 月中旬和 8 月上旬追肥。(2) 施肥种类和方法：滇重楼的施肥以腐熟有机肥为主，辅以复合肥和各种微量元素肥料。禁止施用人粪尿。每次每亩追施有机肥的量为 1500 千克，于 5 月中旬和 8 月下旬各追施 1 次。在施用有机肥的同时，应配合施用 N、P、K 肥料。滇重楼的 N、P、K 施肥比例一般为 1∶0.5∶1.2，每亩共施用尿素、过磷酸钙、硫酸钾各 10 千克、20千克、12 千克。施肥采用撒施或兑水浇施。施肥后应浇一次水或在下雨前追施。滇重楼的叶面积较大，在其生长旺盛期（6~8月）可进行叶面施肥促进植株生长，用0.5%尿素和0.2%磷酸二氢钾喷施，每隔15天喷施1次，共施3次。喷施应选择在晴天傍晚进行。在营养生长期结束之时，对不留种的植株摘除子房，但要保留萼片（可进行光合作用），以保证有机物质向根茎转移。另外滇重楼在新苗萌发出来以后将老的黄叶摘除，减少营养消耗。

图4-12　水肥管理

2. 中耕除草

移栽后，要及时清除杂草，防止杂草危害。因为滇重楼的根系生长较浅，锄草时不能伤及滇重楼的地上部分与须根，需要用小锄头轻轻中耕，避免中耕过深伤害根茎。一般中耕除草要结合松土进行。

图4-13　中耕除草

3. 越冬管理

滇重楼在冬季易遭受冻害，进入 12 月以后应在墒床上盖上 1～2 厘米厚的农家肥和腐殖土（或干松毛），以防止霜冻伤害，并避免下午浇水。每隔 15 天检查一次墒情，地块干燥时适宜在上午 10 点至下午 2 点之间浇水。应保持墒面土壤湿度在 30% 左右。

图 4 - 14　滇重楼冬季管理

第四章　病虫害防治

滇重楼主要病害为叶斑病、红斑病、灰斑病、茎叶腐病、根腐病和病毒病。其中，叶斑病危害最重，已严重影响滇重楼的产量和质量，成为大规模种植滇重楼的潜在威胁。滇重楼主要虫害有蛴螬、金龟子和地老虎。滇重楼病虫害防治要倡导农业预防措施为主、药剂防治为辅的原则。

第一节　主要病害防治

一、叶斑病

1. 症　状

发病初期在叶正面形成褐色小点，后逐渐扩大成半圆形、圆形或不规则的斑点，叶斑中间呈白色或黄褐色，边缘呈暗褐色，四周有浅黄色晕圈。湿度大时，病部正反两面均会产生灰黑色霉层。病情严重时会导致叶片变枯，甚至植株死亡。

2. 发生特点

病菌一般在病叶、土壤或植株病残体上越冬。第二年环

图 4-15　叶斑病症状

境条件适宜时，从分生孢子器中产生分生孢子，借风雨传播，引起初侵染。发病后，新病斑产生的大量分生孢子经风雨、气流传播又引起多次再侵染。高温、高湿、多雨的气候条件有利于该病的发生和流行。该病

多在 8~9 月发生，10 月逐渐减少。植株生长良好，老叶易发病。栽植过密、通风透光不良、土壤排水不良的涝洼地，连作地及田间杂草丛生的地块容易发病。此外，偏施氮肥长势过旺，植株抗病力下降，发病重。

3. 防治方法

（1）发病前期：预防可适量喷洒低浓度的各种保护剂，如喷 1:1:100 波尔多液或 50% 退菌特 100 倍液进行喷雾预防，每 10 天喷 1 次，连喷 2~3 次。

（2）发病初期：当少数叶片形成褪绿的斑点时，喷 80% 大生 M45 可湿性粉剂 1000 倍液或 50% 退菌特 600~800 倍液或 70% 甲基托布津可湿性粉剂 1000~1500 倍液或 75% 百菌清可湿性粉剂 500~700 倍液，每隔 10 天喷 1 次，连喷 2~3 次。

（3）病情严重：针对中心病株喷药要全面彻底，喷施 65% 代森锌 600~800 倍液或 70% 甲基托布津 800~100 倍液，控制病害蔓延和扩展，每隔 7 天喷 1 次，连喷 3~4 次。

4. 防治要点

喷药时要将叶片的正面、背面都喷到，才能达到保护和治疗的效果。以上药剂要交替使用，避免产生抗药性。喷药时最好与节效利助推剂混合使用，以提高叶面对农药的吸附。在使用代森锌时应避免与其他碱性农药混用。

二、红斑病

1. 症　状

红斑病发病初期在叶片上形成圆形紫红色病斑，后期变为淡褐色，病斑周围交界处呈暗紫色，中央颜色变浅。病情严重时病斑相连成片，整叶焦枯直至脱落。

2. 发生特点

红斑病是由轮枝菌属真菌引起的。病原菌以菌丝体和分生孢子随病残体在土壤表层越冬，翌年春天产生分生孢子侵染危害。分生孢子借风雨传播，多雨季节发病严重。

3. 防治方法

在红斑病发病期用50%多菌灵可
湿性粉剂500倍液或70%甲基托布津
可湿性粉剂800～1000倍液或75%百
菌清可湿性粉剂600倍液或65%代森
锌500～600倍液，一般每隔10～15
天喷1次，共喷3～4次。喷药时叶片
正面和背面要喷均匀。

三、灰斑病

1. 症　状

灰斑病发病初期，叶片上形成紫

图4-16　红斑病症状

褐色或淡褐色近圆形点斑点，后期病斑边缘呈黑色，病斑中央呈白色或
灰白色，病斑上散生的黑色霉点为病原孢子。病情严重时，病斑相连成
片，整叶焦枯直至脱落。

2. 发生特点

灰斑病是由链格孢属真菌形成引
起的。病菌在病残体和土壤中越冬，
来年高温多湿季节发病。病原孢子借
风力、昆虫、雨水和劳动工具等传播。

3. 防治方法

冬季清洁田园，捡除残渣落叶，
集中处理。清洁后的田园用50%甲基
托布津或退菌特400～600倍液喷洒1
次。发现病株及时拔除并烧毁。病株
周围的植株用75%百菌清可湿性粉剂
300倍液做重点喷药防治。发病初期

图4-17　灰斑病症状

大田可喷百菌清可湿性粉剂 600 倍液或 80% 喷克可湿性粉剂 600 倍液或 50% 扑海因可湿性粉剂 1000 ~ 1500 倍液，每隔 10 天喷施 1 次，防治 3 ~ 4 次。提前预防效果较好。发病严重时用恶霜灵防治。

四、茎/叶腐病

1. 症 状

茎/叶腐病危害幼苗的茎基部，通常在距土表 3 ~ 5 厘米处发病。发病初期茎上病斑呈黄色凹陷状，长条形，使幼茎基部缩病部折断，植株倒伏死亡。

图 4 - 18　茎/叶腐病症状

2. 发生特点

茎/叶腐病病是由疫霉和腐霉引起的。此病在幼苗期发生较严重，成株也会发病。高温多湿条件发生普遍。

3. 防治方法

移栽前向苗床喷 1∶1∶100 倍波尔多液或 50% 多菌灵 500 倍液进行消毒。加强田间管理，发病后拔除病苗集中处理。不施用未腐熟的有机肥，保持土壤疏松。发病初期用 50% 多菌灵 500 倍液喷施或用 95% 敌克松可湿性粉剂加甲基托布津 800 ~ 1000 倍液灌病穴，每隔 10 天施用 1 次，连施 2 ~ 3 次。中晚期用 75% 百菌清可湿性粉剂 800 倍液或 20% 三唑酮 1000 ~ 1500 倍液喷施。

五、根腐病

1. 症　状

发病初期，地上部分出现轻度萎蔫，叶片下垂，块根发软。随着病情严重，根部逐渐出现黄褐色水渍状腐烂斑块，斑块逐渐扩展，由黄色变黑褐色，直至块根腐烂，有特异臭味，晚期地上植株凋萎枯死。

图 4 - 19　滇重楼根腐病

2. 发生特点

根腐病为土传病害，病菌在土壤中的病残体上越冬。在土壤黏重、地势低洼、排水不良、连绵阴雨、土壤过湿和积水、多年连作地块均易发生根腐病。

3. 防治方法

引起滇重楼根腐病的主要原因是土壤积水，因此栽培时土壤宜选择疏松、肥沃的砂壤土或壤土，地块应选择具有一定坡度（5°～20°），易于排灌的地方。栽种时选无病和无损伤的根茎，或用草木灰涂蘸切口栽种。适时防治地下害虫，避免地下害虫危害后造成伤口，为病菌侵入创造条件。发病中晚期及时拔除病株。病穴用生石灰、甲基托布津或多菌灵等800~1000倍液做消毒处理，病穴周围和大田植株上可用农用链霉素200毫克/升加25%多菌灵可湿性粉剂250倍液混合后喷施。

六、病毒病

1. 症 状

病毒病发病初期叶片上出现褪色黄斑，此后，叶片黄绿色不均匀逐渐增多，形成黄绿色相间的花时，且有四凸不平的皱缩或变形，严重时叶片变细，病株矮化。病毒为布尼亚病毒科凤仙花坏死病毒（INSV）、褪绿病毒（TCSV）/花不斑病毒（GRSV）、番茄斑萎病毒TwV）引起。

图4-20 滇重楼病毒病

2. 发生特点

病毒病主要以蓟马为传毒介体，通过田间农事操作也可传播。病毒寄主非常广泛，初侵染源也较复杂。

3. 防治方法

禁用带毒种苗，采用药剂防治蓟马等传毒介体。防治时对周围蓟马寄生危害和寄生的植物一并用药。发病严重时拔除病株集中烧毁。

第二节 主要虫害防治

一、蛴 螬

1. 鉴别要点

蛴螬为鞘翅目金龟总科昆虫的幼虫，又称白土蚕，成虫称"金龟子"，卵圆形，触角鳃叶状，体壳坚硬，表面光滑，多有金属光泽。幼虫体长 21~45 毫米，体形均较肥粗，白色或淡黄色，柔软多皱褶，密被细毛，常弯曲成"C"字形。

图 4-21 金龟子

2. 生活习性

金龟子 1 年发生 1 代，以幼虫越冬，6 月初化蛹，成虫出后即可交配，将卵产在土壤中，大约 1 个月后出现幼虫。成虫寿命约 30 天。成虫危害盛期为 6 月下旬至 7 月中旬，主要危害叶片。成虫具昼伏夜出习性，常在傍晚至晚上 10 时咬食最盛。具趋光性及假死性，对黑光灯尤为敏感。幼虫在 60 ~ 70 厘米深的土中越冬，次年 4 月气温和地温上升时，幼虫上迁进入耕作层取食危害，后在土深 5 厘米处化蛹。

3. 危害特点

成虫主要危害叶片，造成叶片缺刻、空洞，严重时吃光叶片只留下叶脉。幼虫专门取食植物根茎部，引起植株倒伏死亡。采用生荒地和二荒地种植、施用未腐熟有机肥等，蛴螬发生较多，危害严重。

二、地老虎

1. 鉴别要点

地老虎为鳞翅目夜蛾科昆虫的幼虫。老熟幼虫体长 37 ~ 50 毫米，体黄褐色至黑褐色，臀板黄褐色，有深褐色纵带 2 条；蛹长 18 ~ 24 毫米，红褐色至暗褐色。成虫体长 16 ~ 23 毫米，翅展 42 ~ 54 毫米，体灰褐色，触角雌蛾呈丝状，雄蛾呈双栉齿状，前翅暗黑色，后翅灰白色。卵呈半球形，表面具纵横隆纹，先为乳白色，后逐渐变成淡黄色转灰褐色。

2. 生活习性

地老虎以蛹或老熟幼虫在土中越冬，1 年发生 3 ~ 4 代，以第 1 代幼虫发生集中，危害最大。此虫夜间出来危害，白天钻入土中，不易被发现。翌年 4 ~ 5 月出现成虫，成虫具趋光性和趋化性，喜吸食酸、甜、酒味香性物质。成虫羽化后经 3 ~ 5 天交配产卵，卵多散产于低矮密集的杂草上，少数产于枯叶上及土隙下。在土壤黏重、低洼、潮湿，特别是耕作粗放、草荒严重的地块，均有利于地老虎发生。

3. 危害特点

地老虎主要危害滇重楼根茎和茎秆，使茎秆倒伏或根茎腐烂，植株枯黄死亡。

第三节 蛴螬、地老虎主要防治技术要点

一、农业防治

初冬深翻土壤。在蛴螬和地老虎大量发生的地块，冬初多次翻耕，不仅能直接消灭一部分蛴螬，并且将大量蛴螬暴露在地表或浅土层中，易于捕杀或被天敌啄食，可使虫源数量降低。在整个生育期要及时除去地边和空旷地的杂草，减少地下害虫中间寄主和产卵场所。

二、人工防治

（1）黑光灯诱杀。蛴螬成虫金龟子和小地老虎成虫都很强的趋光性，在成虫发生期可用灯光诱杀，能显著降低虫口密度。（2）毒饵诱杀。蛴螬和地老虎（幼虫）有趋化性，可利用这一习性进行诱杀。毒饵配方：90%敌百虫、白糖、醋、白酒、白菜叶和甘蓝叶等，白菜叶和甘蓝叶切碎与上述物质拌匀，于日落后放于田间，每堆约15克，捕杀效果好。也可以制成毒液诱杀。

三、化学防治

用50%的辛硫磷250克加水2500克，与25千克细土拌成毒土，于播种和移栽时撒于土壤中，既杀虫又起到保护种子的作用。在虫害大量发生时可灌施50%辛硫磷药液。于4月底，苗出齐后用50%辛硫磷400倍液喷施根部，防治白天躲藏在浅土层中的地老虎。

第四节 综合防治技术要点

（1）选择适宜的环境和土壤。滇重楼是多年生宿根草本植物、要在一个地方连续生长多年（一个生长收获周期为9~10年），对环境的选择尤为重要。选择适合生长的环境种植重楼，增加植株抗性，达到减

少病虫害、增加产量和提高品质的目的。

（2）合理轮作和间作。在选择轮作或间作植物时，避免选择同科、属植物，植过重楼的地块至少要轮休 5 年以上才能再次种植。

（3）提前整地、深耕晒垡。促进植物根系的发育，增强植物的抗病能力，破坏蛰伏在土内休眠的害虫巢穴和病菌越冬场所，减少越冬病虫源，使害虫翻入土层深处，而不能羽化出土。同时，阳光暴晒可起到抑制土壤中病菌的作用。

（4）增施有机肥和磷钾肥，促使植株生长健壮、提高抗性。施用量分别为有机肥 200 千克/亩，磷肥（过磷酸钙）30 千克/亩，钾肥（硫酸钾）15 千克/亩。有机肥要经过腐熟才能施用。

（5）改善田间通透性。起墒栽培，墒高 25 厘米，墒宽 120 米，沟宽 40 厘米，株行距可根据株龄做调整。

（6）发现病株及时拔除。除草和倒苗后清洁田园，将病虫残枝和茎叶烧毁或深埋处理。

第五章　采收与初加工

第一节　采　收

综合产量和药用成分含量两方面因素，种子繁育种苗的滇重楼在移栽后第 5～6 年采收最佳，带顶芽根茎的种苗在移栽后第 3～4 年采收最佳。12 月至翌年 2 月滇重楼地上茎枯萎后采挖。

采挖滇重楼应选择在晴天进行。采挖前将地上枯萎的植物及杂草清除，集中运出种植地。采挖时用洁净的锄头先在畦旁开挖 40 厘米深的沟，然后顺序向前刨挖。采挖时尽量避免损伤根茎，保证滇重楼根茎完好无损。将采挖出的滇重楼小心放入清洁的竹筐或塑料框中。带顶芽部分切下留作种苗，其余部分晾晒干燥或烘干后，分类打包，以粗壮、坚实、断面白、粉性足者为佳。

第二节　初加工

对滇重楼进行初加工时，先清除根茎上的须根，然后用清水将根茎刷洗干净。最好趁鲜切片，片厚 2～3 毫米，晒干即可。如遇到长时间阴天，可用 50℃ 左右温度的微火烘干，避免糊化。由于目前重楼价格较高，伪品较多，为了保持外部可见的性状鉴别特征，一般不切片，仍然保留完整的重楼块根形态，洗净后晾干或晒干即可。

第三节　包装、贮藏与运输

一、包　装

滇重楼包装材料应采用干燥、清洁、无异味以及不影响品质的材料，包装要牢固、密封、防潮，能很好地保护品质。包装材料应易回收、易降解。在包装外标签上注明品名、等级、数量、收获时间、地点、合格证、验收责任人。有条件的基地注明农残留、重金属含量分析结果和成分含量。

二、储　藏

包装好的滇重楼商品，及时贮存在清洁、干燥、阴凉、通风、无异味的专用仓库中，要防止霉变、鼠害、虫害，注意定期检查。

三、运　输

运输工具必须清洁、干燥、无异味、无污染，运输中应防雨、防潮、防污染，严禁与可能污染其品质的货物混合装运。

第五篇

附子规范化栽培技术

◎ 概　述

◎ 生物学特性

◎ 栽培技术

◎ 病虫害防治

◎ 收获与初加工

第一章　概　述

第一节　栽培历史及地理分布

一、栽培历史

附子（*Aconitum carmichaelii* Debx.）为毛茛科乌头属多年生草本植物，别名铁花、五毒根、蛾蛾花。野生附子主要分布在长江中游、秦岭巴山中部，越南北部也有分布。附子因适应性强，慢慢被人工驯化为栽培附子。目前，药用附子主要为栽培种。第一主产区为四川江油市及安县、北川、平武等县市，质优量大，经销国内外，为川产道地药材之一；第二主产区为陕西的城固、勉县、南郑、汉中以及云南名县市，商品销往全国。另外贵州亦有少量种植；江苏、浙江、安徽、山东、河南、河北、湖南等地，因种源缺乏，品质退化，产量下降，加上病虫害严重，逐渐被市场淘汰而停止种植。自21世纪初开始，滇西北的大理、保山、丽江、迪庆及东北部的曲靖、寻甸、东川等高寒冷凉地区，利用独特的立体气候、海拔高差及种植收获时间差等优势，成为四川附子加工的主要原料种植基地，不断促进云南规模化种植，也成了云南高寒山区种植药材的主要品种之一。

二、地理分布

附子主要分布在长江中游、秦岭巴山中部，北至秦岭和山东东部，南至广西北部，越南北部也有分布。目前，我国附子商品来源于栽培，主要由四川、陕西等省加工提供。历史上以四川江油产量最大，其次为陕西汉中，两地区逐渐建立了附子种子基地，扩大了商品生产能力。随着需求增加及不同地区气候差异的影响，云南、贵州、河南、河北等地区在引种成功后，逐渐形成新的产区。

第二节　经济价值

一、药用价值

附子是我国常用的重要中药材之一，以其干燥块根入药，主根（母根）加工后被称为"川乌或乌头"，侧根（子根）加工后被称为"附子"。其性辛、味甘、大热、有毒，归心、肾、脾三经。附子被誉为"回阳救逆第一品"，上助心阳、中温脾阳、下助肾阳，具有回阳救逆、补火助阳、散寒止痛之功效，主要用于亡阳虚脱、心阳不足、肢冷脉微、胸痹心痛、肾阳虚衰、阳痿宫冷、脘腹冷痛、虚寒吐泻、阴寒水肿、阳虚外感、寒湿痹痛等病症的治疗。未加工的生附子，毒性较大，药性较强，古方中多用于"回阳救逆"；炮制的熟附子，毒性较小，多用于散寒止痛、温阳补肾等治疗。现代研究表明，附子因含有多种脂溶性和水溶性生物碱，具有强心、镇痛、抗炎、抗休克、抗肿瘤、抗心肌缺血和缺氧等多种药理活性，常用于救治急性心肌梗死所致的休克、低血压、冠心病及风心病等。

二、观赏价值

附子为多年生草本，茎秆高而直立，株形秀丽，立秋后于茎顶端和叶腋间开出蓝紫色花，花色鲜艳，花香淡雅，花冠像盔帽，圆锥花序，是一种拥有美丽外表的观赏植物，可栽种在各地园林景区中，既能美化环境，又能净化空气，还可作为鲜切花，供人观赏。

第二章 生物学特性

第一节 生长发育规律

附子通常采用块根进行繁殖，其生长要经历出苗期（栽种后须根形成至出苗）、叶丛期（出苗至抽茎）、旺长期（抽茎至摘尖扳芽）和块根膨大充实期（修根至收获期）4 个时期，共计 240 天左右。云南产区多选用上年留的小块根作为种源。高海拔高寒冷凉地区常于 11 月中下旬进行种植，低海拔地区常于清明前（3 月中旬）开始种植，10 月中下旬开始采挖。一般，当地下温度在 10℃ 以上时，10 天左右开始发新根，之后慢慢出苗，当每 4~6 天长出 1 片新叶时，进入旺长期，一般在 5 月中下旬。随着地上部快速生长，地下部的茎节长出扁平的白色根茎，其向下伸长而形成新的块根，一般在 6 月中下旬。当气温超过20℃ 时，块根进入膨大增长期，一般在 7 月中下旬。当植株顶端摘尖及侧芽扳芽后，块根进行入充实期，一般在 8 月中下旬至 9 月下旬。随着地上部叶片衰老，块根逐渐成熟，开始收获，附子基本完成了整个生长发育时期，一般在 10 月中下旬。

第二节 生态环境要求

附子原生植物生长在海拔 500~600 米的向阳平坝至 2700 米以上的高山冷凉地区，其对自然的适应能力强。附子喜温和、湿润、向阳的环境，一般在年降雨量为 900~1400 毫米、年平均气温为 10~14℃、年日照为 1000 小时、无霜期大于 250 天的地区均可种植。云南主要种植在海拔 1800～2800 米的山区及半山区，其土层深厚、疏松、肥沃的冷凉区域最适宜种植。

第三章 栽培技术

第一节 繁育技术

生产上附子的繁殖方法一般采用块根无性繁殖为主，亦可用种子繁殖，但因种子有休眠期及生产周期长，一般不采用。

图 5 - 1 云南附子田间开花期植株（字淑慧 摄）

块根繁殖技术：①选种。每年冬至前收获新鲜附子，选择生长均匀、无病虫害、未受伤、个体完整的新鲜子块根作种子。②分级。一般按块根种子大小可分三级，一级每 100 个块根重 2 千克，二级重 0.75 ~

1. 75 千克，三级重 0. 25 ~ 0. 5 千克。③用种量。每亩用种量为 12000 ~
15000 个块根，大约为 120 ~ 180 千克。④凉种。放在背风阴凉的地方摊
开（厚约 6 厘米）晾 7 ~ 15 天，使皮层水分稍干就可栽种。⑤播种。11
月中旬进行开沟或打塘种植，种植时按行距 30 ~ 35 厘米、株距 10 ~ 15
厘米进行"丁"字形错位栽培，大种和中种根每窝栽 1 个，小种根每
窝可栽 2 个，每亩播种量为 12000 ~ 15000 个。在栽种时，芽头向上，
牙嘴低于窝口，随即刨土稳根，并每隔 10 株，可多栽 1 个块根，以利
补苗，确保丰产。

第二节　栽培技术

一、种植区域选择

选择海拔 1800 米以上阳光充足、温凉、半潮湿、能排能灌的地区
种植附子。土壤以中性或微酸性的红壤、沙壤土及灰汤土为宜。切忌
连作。

二、选种及播种密度

选用当年收获的新鲜无病虫害、未破损的侧生新鲜块根作为种子。
根据种块根大小分选种，一级块根重 2 千克/100 个左右，二级重 0. 75
~ 1. 75 千克/100 个，三级重 0. 25 ~ 0. 5 千克/100 个，每亩块根用量为
120 ~ 200 千克，种植密度为 12000 ~ 15000 个/亩。

三、整　地

栽培附子地块以土层深厚、疏松、肥沃、排水良好、水稻或玉米轮
作 4 ~ 5 年以上的沙壤土或紫色土的地块为宜。3 年内未种过附子的水
稻田最好。在水稻收获后，放干田水，并及时耕翻土壤，清除杂草，曝
晒数日，打垡，使土壤充分匀细、疏松。对轮作不满 3 年的地块，在施
入底肥后，应进行土壤消毒，每亩用 50% 退菌特和拌草木灰各 3 千克

左右，撒施于表面，再翻入土中，进行 3 犁 3 耙。

四、理墒

按墒宽 80～100 厘米、高 20～30 厘米、沟宽 40 厘米的标准进行理墒。通常墒面与坡向垂直、与风向平行，两墒间留出 30～40 厘米的空地为作业道，便于田间管理；理好墒后，打碎大土垡，使墒面土壤平整、疏松。

图 5 - 2　云南附子规范化种植示意图（字淑慧　摄）

五、播种

播种时先用多菌灵（粉末）拌种后，每墒按行距为 30 厘米（窄行行距为 20 厘米、宽行行距为 40 厘米）、株距为 10～15 厘米的规格进行开沟条播，每亩播种量以 12000（一、二级种）～15000（三级种）株为宜。种植时，每亩施 2000 千克左右的腐熟农家肥或有机肥作为底肥，施入沟内后覆盖一层薄土，块根芽头向上放入沟内，再盖厚 5～8 厘米的土。

六、采收

附子一般在 8～10 月即可采收。采收时先割除茎叶，然后挖出全株，摘下附子，去掉须根，即为泥附子，然后进行分级即可出售。同时砍下母根，晒干即成川乌。

第三节　田间管理

一、苗期管理

苗期管理要保证苗齐苗壮。当附子幼苗出土后，土壤干燥时以灌跑沟水为宜（即水从沟内跑过不停水），以防春旱，保证出苗；幼芽全部出土后，如发现病株立即拔除烧毁，然后用备用幼苗带土补栽和补缺。栽后浇定根水，用疏松的土覆盖填平，以保证幼苗整齐。补苗后 10 天左右，在 2 小行之间按 1500 ~ 2000 千克/亩的量施入有机肥或腐熟堆肥，施肥后覆土，保证幼苗生长健壮。

二、生长期管理

生长期管理保证侧生块根肥大，提高产量和质量。

三、修　根

一般修根 2 次。第一次在清明节前后，当苗高 15 ~ 20 厘米时，刨开植株根际土，留母根两边较大的侧生块根各 1 个（留双绊或扁担绊），去除较小而多余的侧生块根后回土覆盖好块根。第二次在立夏前后，方法与第一次相同，并去除起隆后茎基上新的小块根以及须根。修根时千万不要伤及叶片和主根。

四、打顶摘芽

当苗高 1 米左右、主茎有 11 ~ 12 片叶时，摘去顶芽尖，并掰去第一节和第二节的腋芽，以控制地上部分生长，促进地下部分的生长。

五、追　肥

一般追肥 2 次，与修根同时进行。第一次追肥在第一次修根后，在 2 行间每亩施入有机肥或腐熟堆肥或厩肥 1000 ~ 1500 千克，方法与苗期追肥相同。第二次追肥在第二次修根后,每亩施有机肥或腐熟堆肥或厩肥 1500 千克,施肥方法和位置与第一次相同。每次施肥时,结合除草和培土起隆,使墒面成龟背形,以防积水出现根腐病。如果地瘦苗弱,可多施 1~2 次追肥,期间配合施叶面肥提苗。

六、水分管理

附子生长期中,须经常保持湿润环境,过分干燥与潮湿,均生长不良,所以,应根据气候情况和土壤湿度,掌握适时适量地灌溉与排水。当畦土泛白就灌水。水量以湿润土壤 3~5 厘米为度。6 月上旬以后,天气炎热应停止灌水,大雨后要及时排水,防止附子在高温多湿的环境下出现块根腐烂现象。

第四章　病虫害防治

附子主要病害为根腐病、霜霉病、白粉病、白绢病及叶斑病等。

一、根腐病

防病关键时期为修根后。一般采用 50% 退菌特可湿性粉剂 500 克、石灰 15 千克，兑水 300 千克，进行灌根，或用 50% 多菌灵可湿性粉剂 1000 倍液淋灌；并用 5% 的石灰或 50% 多菌灵可湿性粉剂 1000 倍液淋灌病株及附近的健壮植株，防止蔓延。

二、霜霉病

防病关键时期为播种前和苗期根。播种前用多菌灵等浸种。播种后，苗期发病时，及时拔除病株，同时喷洒 1∶1∶200 的波尔多液或 65% 代森锌可湿性粉剂 400 倍液进行防治，以防病情蔓延。

三、白粉病

防病关键期在发病初期。采用庆丰霉素 60 万～80 万单位或 80% 甲基托布津可湿性粉剂 800～1000 倍液，或福美硫黄等药剂喷洒，每隔 7 天喷 1 次，连续喷 3 次。

四、白绢病

防病关键期为 5～8 月。初期挖出病株，用 50% 退菌特可湿性粉剂 500 克、生石灰 12 千克、尿素 500 克，兑水 250 千克，混合均匀，喷灌植株，以防病菌传播侵染。

五、叶斑病

防病关键期在发病初期。用65%代森锌可湿性粉剂500倍液喷洒叶片，每周1次，连续2～3次。喷药防治病害要选晴天进行，如果喷药后遇雨，要重新喷药。白绢病在附子第二次修根时，将五氯硝基苯粉剂（每亩2千克）与干细土50千克或草木灰30千克拌匀，施在根周围再覆土。发病初期，将病株和病土挖出倒在水田里或深埋土中，防治病原体扩散。

第五章　采收与初加工

第一节　采　收

　　云南附子最佳采收期为 10 月份。但在四川、陕西汉中等地，一般在 7 月份，即小暑前后。采收时先割除地上部茎叶，然后挖出地下部整个根系，摘下新生附子，去除须根及泥土，即为鲜附子，也称泥附子。

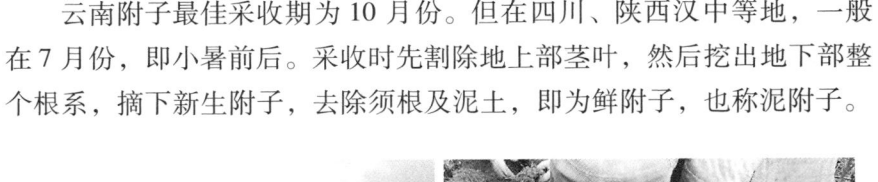

图 5 - 3　云南附子收获及泥附子示意图（字淑慧　摄）

第二节　初加工

选择大小均匀的泥附子，清洗泥土后，放入胆巴水内浸渍 5 天以上，降低毒性和防止腐烂。经浸泡、切片、煮蒸等加工过程后，可制成各种不同规格的供药用的附片。主要加工有三种：

一、盐附片

取较大的泥附子洗净后，用胆巴盐水（每 50 千克泥附子用胆巴 20 千克、食盐 15 千克，加水 30 千克）浸泡，浸泡 3 天以上，捞出晾晒至表面水干，再浸泡 1 天，捞出晾晒。如此反复 3 次。每次浸泡时加胆巴盐水适量，始终保持溶液的量和浓度。然后再日晒夜浸 5 ~ 6 天，使其充分吸收盐分，直至附子表面密集盐粒，变得坚硬时为止。

二、白附片

取中等大的泥附子，洗净后用胆巴水（每 50 千克用胆巴 20 千克，加清水 15 千克），浸泡 5 ~ 7 天后捞出，称胆附子。锅里放入新老胆巴水各半，煮约 1 小时，至透心后捞起，放入有少量老胆巴水的清水中浸泡 1 天，去皮后，再放入清水中浸泡约 10 小时捞起，纵切成 2 ~ 3 毫米的薄片，放入清水中浸泡，捞起后摊放、晒干至有圈角时，收起密闭用微硫熏后晒干即成。

三、黑顺片

取稍小的泥附子，按前法制成胆附子，用浸泡过附子的胆巴水（即老水）煮至透心，在清水中浸泡过夜后捞出，不经剥皮，切片厚 4 ~ 5 毫米。再放入清水中浸泡 2 ~ 3 天，每天换清水 1 次，捞出放入加有红糖的清水缸中浸染成黄黑色时取出，蒸 10 ~ 12 小时，片子出现光泽油面，晒干或烘干。

第三节　包装及贮藏

　　将加工分级后的附子分别装入清洁的麻袋中，附上包装标签，标签上注明产品名称、等级、产地、合格证、包装日期等信息，然后打包成件，每件净重 40～50 千克。将打好包的附子放置于阴凉、通风、干燥处贮藏。贮藏时应选择宽大房间，并要求清洁、通风、温度在 30℃ 以下、相对湿度为 70%～75%，定期检查药材有无吸潮，做好防雨、防潮、防尘工作。

第六篇

黄草乌规范化栽培技术

第一章　概　述

第一节　栽培历史及地理分布

一、栽培历史

黄草乌（*Aconitum vilmorinianum*）为毛茛科乌头属多年生草本植物，别名草乌、大草乌、堵喇、昆明乌头，以侧生块根入药，是云南白药、三乌胶等重要原料之一。近几年，随着生物医药及大健康产业的推进，黄草乌作为云南独具特色的中药材，需求量逐年攀升，药用原料从野生变为人工栽培，种植面积从 2009 年前约 0.5 万亩增至 2019 年的 3 万亩，并形成了昆明禄劝、红河泸西和蒙自个旧、昭通巧家、曲靖会泽和宣威、迪庆维西、丽江宁蒗和玉龙等高寒冷凉山区重点培育的特色中药材种植产业，推动云南黄草乌产业的不断发展。

图 6 - 1　云南黄草乌植株（左）、花（中）和侧生新鲜块根
（右，药用部位）（字淑慧　摄）

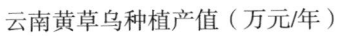

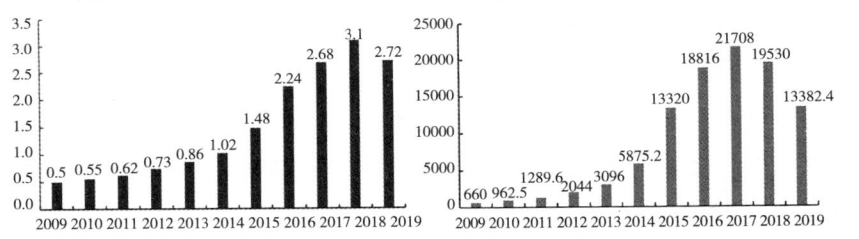

图6-2　2009—2019年云南黄草乌种植面积及产值

二、地理分布

黄草乌集中分布在云南中西部、贵州西部及四川（会理）等海拔2100～2500米的山地灌木丛中。历史上，黄草乌野生居群主要分布在昆明、玉溪、楚雄、大理等高寒冷凉地区；近几年，随着药材需求量不断增加，昆明禄劝、曲靖宣威、红河泸西、迪庆维西、丽江宁蒗以及文山丘北等高寒冷凉山区，成了黄草乌种植的主产区及主要分布地区。

第二节　经济价值

一、药用价值

黄草乌的药用部位为侧生块根，主要含有滇乌碱、黄草乌碱甲、黄草乌碱丁、草乌甲素等多种活性有毒二萜生物碱，以及茴香酸等药用成分，具有祛风散寒、活血止痛、解毒消肿等功效。民间主要用于治疗风寒湿痹、中风瘫痪、跌打损伤等疾病，临床多用于治疗跌打损伤、风湿关节疼痛、手足厥冷等病痛，是云南白药及其气雾剂（白药）、百宝丹（昆药）、虎力散（红河）、三乌胶（曲靖）、无敌膏（昆明）等名药的重要原料之一，历来被人们重视而不断继承发扬着其独特的药用价值。现代医学研究进一步发现，黄草乌中的滇乌碱具有抗炎、镇痛、解热及提高免疫力的作用，能明显提高吞噬指数和吞噬系数，具有非成瘾性止痛和非依赖性治疗慢性疼痛的作用。

二、观赏价值

黄草乌为藤蔓攀附多年生草本植物，花为蓝紫色，花色鲜艳漂亮，花香淡雅，花冠像盔帽，是一种拥有美丽外表的观赏植物，可栽种在各地园林景区中，既可供人观赏，又可美化环境。

第二章　生物学特性

第一节　生长发育规律

黄草乌为块根类多年生草本植物，一般采用当年收获的新鲜完好的块根进行繁殖。从播种到收获，需经历出苗期（播种到 60% 以上出苗）、藤蔓形成期（出苗到 60% 植株需要插杆）、分枝期（藤蔓形成至 60% 以上植株有分枝）、花蕾形成期（分枝形成到 60% 以上植株顶部有花蕾）、开花期（花蕾形成至 60% 以上植株开花）、果实形成期（开花至 60% 以上植株有蓇葖果）和成熟期（地上部 60% 以上植株衰老）7 个时期。一般头年的 11 下旬或 12 月上中旬播种，到次年 3 月中旬开始出苗，4 月下旬形成藤蔓和开始有新生块根，5 月下旬至 6 月上旬有分枝及块根不断形成，7 月下旬至 8 月上旬顶端有花蕾和块根形成及块根膨大，9 月上中旬始花和块根膨大充实，10 月上旬蓇葖果和块根膨大充实，10 月下旬至 11 月上旬果实成熟，生育期完成，开始收获。从播种到收获，一般需要 10～11 个月，300 多天。也可以将新鲜块根留到第二年开春后 3 月下旬至 4 月上旬播种，从播种到成熟，其生育期约为240 天。

对土壤性能要求较为严格，以半向阳、水源方便的地段，潮湿，土层深厚，疏松，肥沃，能排能灌的红壤、沙壤土及灰汤土栽培最为适宜。土壤酸碱度以中性或微酸性为宜。切忌连作，前作以洋芋、荞麦、油菜为好。附子通常采用块根进行繁殖，其生长要经历出苗期（栽种后须根形成至出苗）、叶丛期（出苗至抽茎）、旺长期（抽茎至摘尖扳芽）

和块根膨大充实期（修根至收获期）4 个时期，共 240 天左右。云南产区多选用上年留的小块根作为种源，高海拔高寒冷凉地区常于 11 月中下旬进行种植，低海拔地区常于清明前（3 月中旬）开始种植，10 月中下旬开始采挖。一般，当地下温度在 10℃以上时，10 天左右开始发新根，之后慢慢出苗，当每 4～6 天长出 1 片新叶时，进入旺长期，一般在 5 月中下旬。随着地上部快速生长，地下部的茎节长出扁平的白色根茎，其向下伸长而形成新的块根，一般在 6 月中下旬。当气温达 20℃以上时，块根进入膨大增长期，一般在 7 月中下旬。当植株顶端摘尖及侧芽扳芽后，块根进入充实期，一般在 8 月中下旬至 9 月下旬。随着地上部叶片衰老，块根逐渐成熟，开始收获，附子基本完成了整个生长发育时期，一般在 10 月中下旬。

第二节　生态环境要求

黄草乌为块根多年生草本植物，属于喜温凉、喜光、半潮湿作物，最怕干旱、高温及涝害。大多生长于海拔 1800～2500 米、年均温不低于 15～16℃、年均降水量不低于 1100 毫米、相对湿度达 80% 以上的冷凉山区和半山区；适宜生长在北亚热带气候、高寒冷凉、阳光充足的背阴半潮湿地区。对土壤性能要求较严，以土层深厚、疏松、肥沃的冷凉区域最为适宜；土壤酸碱度以中性或微酸性为佳。前作以禾本科、豆科等非根茎类作物为好，切忌连作。

第三章 栽培技术

第一节 繁育技术

黄草乌一般采用当年收获的新鲜侧生块根和珠芽进行无性繁殖。繁殖时间为立冬至大寒的 6 个节令范围内较好，即当年 11 月中旬至次年的 1 月中下旬均可进行。每亩种植密度以 10000 ~ 15000 株为宜。播种前 6 ~ 10 天，进行精细整地，播种时按 70 厘米或 100 厘米宽度顺风开墒，长度据地势而定。在 70 厘米墒面开 1 沟，100 厘米的墒面开 2 沟，每沟宽 25 ~ 30 厘米、深 15 ~ 20 厘米，每沟种植 2 行，每行株距 10 ~ 15 厘米、行距 20 ~ 30，形成窄行 20 ~ 30 厘米、宽行 70 厘米或 100 厘米的宽窄行模式。播种时，两行之间按"三角形"块根芽头向上播种，边播种边覆盖腐熟有机肥（底肥）和覆盖土壤。如果采用块根切芽繁殖时，将较大块根上部顶芽 3 ~ 5 厘米切下，用草木灰对切口进行消毒，并稍晾干表面后再播种。腋芽果播种关键技术：播种时，两行之间按"三角形"放置 3 ~ 5 个腋芽果，每亩播种 60 ~ 100 千克，其他播种技术与块根相同。根据土壤肥力，每亩施用 1500 ~ 2000 千克腐熟农家肥或有机肥。

第二节　栽培技术

一、栽种时间

最佳播种节时间在立冬、小雪节令，以 11 月中下旬至 12 月中旬播种产量较高，过早或过迟都会影响产量；也可在春季 4 月中旬至 5 月初播种。

二、理　墒

前作收获后，及时耕翻田地，以减少病虫害。播种前再抄犁 2 次，清除杂草，曝晒数日后打垡，使土壤充分匀细、疏松，按顺风方向拉绳开沟理墒，墒宽 65 ~ 70 厘米，沟宽 30 厘米，沟深 20 厘米。

三、选　种

播种前挑选当年收获的无病虫害、较直立、分叉少、看相好、大小适中的新鲜侧生块根。每亩用种量一般为大块根约（每个块根 > 25 克）180 千克左右，中块根（每个在 20 ~ 25 克）150 千克左右，小块根（每个小于 20 克）为 120 千克左右。其中，大块根可以采用切芽繁殖，即用酒精或草木灰对刀具进行消毒后，将较大的黄草乌块根上部顶芽 3 ~ 5 厘米左右切下，切口上洒上草木灰，防止切口感染，下部晾晒干，可用作商品出售。

四、播　种

在理好的墒面上开沟条播，每墒播种 2 行，大行行距为 65 ~ 70 厘米，小行行距为 20 厘米，株距为 10 ~ 15 厘米，播种密度以 11000 ~ 15000 株/亩为宜，过密或过稀都会影响产量。播种时按块根大小分开播种，依据"先播种、后盖肥、再盖土"的原则。

图 6 - 3　黄草乌规范化种植及追肥（字淑慧　摄）

一般每亩施用腐熟的农家肥 1500 千克、复合肥 30 千克左右，拌和均匀后作为底肥施用，不容易烧根；施肥后盖上 3 ~ 5 厘米厚的一层土，盖土过深会影响出苗率。

第三节　田间管理

一、保证苗齐

由于云南秋冬春干旱较严重，为保证出苗整齐，播种后如有条件，在墒面上覆盖秸秆或遮阴物，保持土壤水分，如遇干旱要勤浇水。出苗以后，逐步除去覆盖物，同时整个生长发育期都要经常保持土壤湿润，过干或过湿都会使黄草乌生长不良。

二、合理灌溉

黄草乌怕旱又怕涝。播种后，应保持土壤湿润，保证出苗整齐。为了保证草乌生长发育，应适时灌溉，但不能渗灌；夏季应注意排涝，土壤相对含水量在 70% 左右较合适，这样才能保证稳产、高产。

三、适时追肥

第一次追施在出苗 15 ~ 20 天，幼苗长出 6 ~ 8 片叶子时，依据"浓度要稀，次数要多，施用量要大"原则，追施充分腐熟的厩粪水或人粪尿，以 8～10 千克粪水或 0.8 千克尿素兑水 50 千克浇施，促进苗苗壮生长，加快茎叶生长速度和增强抗性。第二次追肥在植株生长至 1 米左右，开花前 20 天，用 2‰尿素、1.5‰的磷酸二氢钾兑水浇施于植株的根部，同时加入杀虫和杀菌的农药，保证块根膨大期的养分需求和防治病虫害的侵害。

四、中耕除草

草乌属深根作物，根据黄草乌生长情况，结合施肥，按"先深耕、后浅耕，远深耕、近浅耕"的原则进行中耕除草。一般搭架前结合施肥进行第一次培土，促进不定根生长；开花前结合第二次施肥再进行一次培土，促进块根在短期内迅速发育膨大。为防止雨水侵入根部，降低地温及减少根腐病发生，促进块根膨大，在追肥时将沟中的土搂入植物根部作成鱼背形。雨季来临时，杂草易于生长，应及时除草，保持地无杂草，沟无积水。

五、插杆搭架

黄草乌为藤蔓植物，必须为进行插杆搭架才能高产。一般在第一次施肥后结合中耕除草进行插杆。插杆时如发现病株，应拔出植株烧毁，利用预备苗带土移栽，时间宜早不宜迟。

六、封顶打杈

除需要留种子和腋芽果外，为了让养分集中于地下块根，需要对地上部分实行封顶打杈和摘除腋芽果，才能获得较高的产量。封顶打杈的方法：一般在植株现蕾时开始打尖，开花时基本完成打尖，打尖长度在 20～50 厘米；打尖后的植株，长出腋芽或腋芽果时应随时摘除；摘芽时不要损伤叶片或植株，保证叶片光合作用正常进行；一般要进行 2 次打尖和摘芽。长出的腋芽果，可以在采收后作为种源进行繁殖。总之，为获得较高的产量，应做到"地无乌花，株无腋芽"。

图 6 - 4　黄草乌插杆和封顶打杈（字淑慧　摄）

第四章 病虫害防治

第一节 主要病害防治

黄草乌主要病害有根腐病、霜霉病、白粉病等。

一、根腐病

根腐病发病初期先由须根向支根蔓延，再向主根逐渐蔓延。主根感病后，早期植株病症不明显，随着根部慢慢腐烂，吸收肥水的能力下降，地上部在中午阳光较强时出现萎蔫，夜间可恢复正常；发病中后期，植株地上部逐渐萎蔫，根部颜色逐渐变为深褐色。病情严重时，萎蔫状况夜间也不能再恢复，整株叶片发黄、枯萎。此时，根皮变褐，并与髓部分离，最后全株死亡。防治方法为，发病前或发病初期可用1%硫酸亚铁溶液进行病穴消毒，再用50%甲基托布津500倍液浇灌，特别是在发病初期防治效果较好。

二、霜霉病

霜霉病主要发生在苗期。植株发病时，主要特征是在叶片背面有一层霜霉层。霉层初为白色，后变为灰黑色，致使叶片枯黄而死。发病与水分条件密切相关。在低温多雨、多湿时，发病迅速而严重，造成植株死亡。防治方法为，发现病株要及时拔除并烧毁，对病窝用石灰消毒；苗期及时清除杂草，改善通风透光，并喷施1:100的波尔多液进行保护性防治；发病初期用25%多菌灵600~800陪夜或40%霜疫灵或50%的甲基托布津喷施。

三、白粉病

植株叶片受白粉病危害时，初期出现圆形白色绒状霉斑，在叶片上布满一层像白面状的霉层。中后期白粉层变淡，病斑连结成片，出现淡黄色至黑色小粒。随着病害加重，病叶脱落，植株枯死。此病主要通过空气或气流传播。发病常在高温干燥季节，或施氮肥过量、植株过密、通风透光不良的田块中发生。防治方法为，消除落叶，去除病枝叶，减少浸染源；白粉病高发期地块少施氮肥，增施钾肥；发病前用喷洒石硫合剂或波尔多液进行预防与保护；发病期用 70% 甲基托布津可湿性粉剂 800~1000 或 25% 粉锈宁 500~800 倍喷施叶面，连续防治 2~3 次。

第二节　主要虫害防治

黄草乌地上部分主要受夜蛾和菜青虫危害，地下部分主要受地老虎危害块根。

一、夜　蛾

夜蛾危害主要是幼虫取食叶片、花蕾及花，昼夜均出来取食，严重时会将叶子吃光。防治方法：用黑光灯或糖醋液诱杀；可选用 40% 氰戊菊酯乳油 4000~5000 陪夜或 20% 灭扫利乳油 3000 陪夜等防治 3~4 龄幼虫，每隔 10 天喷施 1 次，连续喷施 2~3 次。

二、菜青虫

菜青虫又称青虫子，成虫称菜粉蝶、白粉蝶。受害叶片形成孔洞或缺刻，严重时仅剩粗大叶脉，菜青虫边取食边排出大量虫粪，污染叶片。防治方法：群集危害时期，于清晨露水未干前用 2% 阿维菌素 800 倍液、25% 灭幼脲 2000 倍液、10% 抑太保乳油 1000 倍液、50% 辛硫磷乳油 1000 倍液、40% 乙酰甲胺磷乳油 1000 倍液等，一般在卵孵化盛期至幼虫 3 龄前连续喷药 2 ~ 3 次。

三、地老虎

地老虎主要以幼虫在夜间出来取食危害，白天栖息在幼苗附近土表下面假死。防治方法：可用 2.5% 敌百虫粉剂或 1.5% 对硫磷（1605）粉剂、1.5% 乐果粉剂喷粉，每亩 1.5 ~ 2 千克。主要是危害块根。防治方法：一是用桐叶诱杀法、毒饵诱杀、糖醋液诱杀；二是早晨或下雨后人工捕杀；三是在地老虎 1 ~ 3 龄幼虫期，采用 50% 二嗪磷乳油 2000 倍液、20% 氰戊菊酯乳油 1500 倍液等进行地表喷雾，效果最好。

第五章　采收与初加工

第一节　采　收

一、实生种收获

在10～11月80%植株地上部分枯萎，果实呈黑褐色但未开口时采收，采收后放在阳光下晒干果壳，抖出种子，去除枝叶后储藏在干燥阴凉处备用。

图6-5　黄草乌实生种采收和晾晒（字淑慧　摄）

二、腋芽果收获

在9～10月地上部分珠芽成熟时采收，通常随采随播，单个重量至0.4克左右，即可采收。

三、块根收获

通常在 11 月至 12 月初 80% 植株地上分枯萎时开始采挖块根。采收时先割除地上部茎叶，然后顺着理墒的长度方向挖出地下部整个根系，摘下新生块根，除去须根和泥土，放置在阴凉处。注意采挖时不要伤及块根，以免未加工即发生霉变。

图 6-6　黄草乌块根收获（字淑慧　摄）

第二节　初加工

一、清　洗

将采挖的块根放在清洗池中，清洗块根表面的泥土、砂石等物质，边洗边捞出置于药架或竹篾笆等沥水装置上，摊开沥水晾晒。

二、带皮晾干

将清洗好的草乌块根运送到晾晒场中铺开，在太阳光下晾晒至块根含水量 12% 左右为止。期间要经常翻晒药材，保证药材晾晒干燥度均匀一致。

三、带皮烘干

将清洗好的块根置于 50℃ 左右的烘烤房内，烘烤至含水量为 12%
左右止。

四、去皮晾干（俗称制草乌）

将清洗好的块根置于加碱的沸水（100 千克块根加 1.5 千克左右的
碱）中煮至透心，去除外皮，然后整块或切片晒干，备用。

五、注意事项

采用晾晒、阴干以及 50℃ 烘烤法对草乌进行初加工时，草乌毒性
较大，注意药材放置要安全；而采用制草乌方式时，碱水易造成污染，
做好人畜饮水安全及环境污染的防范等措施。无论哪种晾晒方法，防止
晚上霜冻造成空心和堆积发生霉变，使块根失去商品价值。

第三节　包装及贮藏

初加工黄草乌中药材抽样合格后，进行统一包装和贴上标签，包装
标签上注明"产品名称、等级、产地、合格证、包装日期等信息，然后
打包成件，每件净重 40~50 千克。将打包的黄草乌药材放置于阴凉通
风干燥处贮藏。贮藏时应选择宽大房间，并要求清洁、通风、温度在
30℃ 以下、相对湿度为 70%~75% 的地方，定期检查药材有无吸潮，
做好防雨、防潮、防尘工作。

注意事项：黄草乌属于毒性药材，毒性药材应逐件检查外包装，封
口应完好无损，无泄漏。包装外应贴有毒性药材的明显标志及药材标
签，注明品名、规格、批号、产地、重量及联系方式等。

第七篇
丹参规范化栽培技术

◎ 概　述

◎ 生物学特性

◎ 栽培技术

◎ 病虫害防治

◎ 采收与加工

第一章 概 述

丹参为唇形科植物丹参（*Salvia miltiorrhiza Bge.*）的干燥根和根茎。根茎短粗，顶端有时残留茎基；根多条，长，圆柱形，略弯曲，有的分枝并具须状细根，长 10～20 厘米，直径 0.3～1 厘米；表面棕红色或暗棕红色，粗糙，具纵皱纹；春、秋两季采挖，采挖后除去泥沙，进行干燥处理。又名紫丹参、红根、血参、大红袍等。丹参是人参家族中的一员，也是药用价值极高的药材之一。

第一节 栽培历史

我国应用丹参历史悠久，有近 2000 年的历史。丹参是传统常用大宗药材，始载于东汉《神农本草经》，以后历代本草书籍均有记载。

丹参在《神农本草经》被列为上品，曰："主心腹邪气，肠鸣幽幽如走水，寒热积聚；除瘕、止烦渴，益气。"北魏《吴普本草》载："治心腹痛"。清代《本经逢原》记载："丹参本经治心腹邪气，肠鸣幽幽如走水等疾，皆瘀血内滞而化为水之候。止烦漫益气者，瘀积去而烦漫愈，正气复也。"

北魏《吴普本草》云："茎华小，方如荏（即白苏），有毛，根赤。四月华紫。三月五月采根，阴干。"

明代李时珍《本草纲目》曰："处处山中有之，一枝五叶，叶如野苏而尖，青色，皱皮。小花成穗如蛾形，中有细子，其根皮丹而肉紫。"清代《本草求真》："丹参，书载能入心包络破瘀一语，已尽丹参功效矣。然有论其可以生新安胎，调经除烦，养神定志，及一切风痹、崩带、症瘕、目赤、疝痛、疮疥肿痛等症，总皆由其瘀去，以见病无不除，非真能以生新安胎，养神定志也。"

第二节　功效及应用

一、丹参的功效

丹参味苦，性微寒；归心、肝经。该种根入药，含丹参酮，为强壮性通经剂，有祛瘀、生新、活血、调经等效用，为妇科要药，主治子宫出血，月经不调，血瘀，腹痛，经痛，经闭，痈痛。对治疗冠心病有良好效果。此外亦治神经性衰弱失眠，关节痛，贫血，乳腺炎，淋巴腺炎，关节炎，疮疥痛肿，丹毒，急慢性肝炎，肾盂肾炎，跌打损伤，晚期血吸虫病肝脾肿大，癫痫。外用又可洗漆疮。

（1）活血：能扩张冠状动脉，增加冠脉流量，改善心肌缺血、梗塞和心脏功能，调节心律，并能扩张外周血管，改善微循环；缩短红细胞及血色素的恢复期，使网织细胞增多，能促进组织的修复，加速骨折的愈合。

（2）能提高机体耐缺氧能力。

（3）预防血栓：有抗凝血，促进纤溶，抑制血小板凝聚，抑制血栓形成的作用。

（4）降血脂：能降低血脂，抑制冠脉粥样硬化形成。

（5）护肝：能抑制或减轻肝细胞变性、坏死及炎症反应，促进肝细胞再生，并有抗纤维化作用；另外，对结核杆菌等多种细菌有抑制作用。

（6）抗肿瘤：能有中枢神经有抑制作用，有抗肿瘤作用。

（7）能增强机体免疫功能

（8）降血糖：能降低血糖。

二、丹参的应用

我国应用丹参的历史悠久。据统计，以丹参为原料的中成药有一百余种。现代药理和临床研究表明，丹参含有二萜醌类、二萜类、酚酸类化合物，黄芩甙，β-谷甾醇、胡萝卜甙、谷氨酸、丙氨酸、天冬氨酸、组氨酸、精氨酸等 15 种游离氨基酸和水解氨基酸，还含钙、镁、钡、铝、硒、铁等矿物质元素。丹参对心血管系统有降低心率，加强心肌收缩、预防心肌梗死和改善微循环的作用，对血液系统有显著的降糖、降低血液粘度、抗凝血作用，对呼吸系统有保护肺纤维化、对抗低氧性肺血管的收缩作用，对消化系统的肝、胃、胰脉有调节和保护作用。另外还有抗炎、抗肿瘤，促进组织修复和再生，抑制中枢神经耐缺氧，抗衰老，抗病原微生物，增强免疫力作用，保护肾脏等作用。

第三节　资源分布情况

丹参喜气候温暖、湿润、阳光充足的环境。在年平均气温 17.15℃，平均相对湿度 77% 的条件下生长发育良好；在气温 -5℃ 时，茎叶受冻害。地下根部能耐寒，可露天越冬；幼苗期遇到高温干旱天气，生长停滞或死亡。丹参为深根植物，在土层深厚、排水良好、中等肥力的砂质壤土中生长发育良好。土壤过于肥沃，参根生长不壮实；在水涝、排水不良的低洼地会引起烂根。土壤酸碱度近中性为好。过砂或过黏的土壤，丹参生长不良。丹参植株返青后，3~4 月茎叶生长较快，果实成熟后植株枯死，倒苗后重新长出新芽和叶片，进入第二次生长。母株一般生长出 3~5 个分株，从 4 月上旬开始分株，并陆续抽出花茎，秋季花茎少，只有春季的三分之一；7~8 月日照时间长，有利根部生长。

我国除黑龙江、吉林、内蒙古北部高寒地区以外，几乎各省、区、市均有分布，野生、家种都有。由于丹参的需求量大，野生资源逐步减少，特别是近年来野生丹参资源日趋枯竭，因而商品丹参越来越依靠栽培。野生丹参条短粗，多扭曲，表面红棕色，外皮较粗糙，多呈鳞片状，易剥落，体轻而脆；栽培品较粗壮，较野生品肥实，偶有分枝，表面紫红色或黄红色，有纵皱纹，皮细不宜剥落，质地坚实。野生丹参主要分布在河北、北京、山西、山东、湖北、湖南、辽宁、江苏、江西、云南、贵州、甘肃、陕西；家种丹参主要分布在河北、天津、江苏、上海、浙江、安徽、河南、山东、四川等地。主产于河北安国、抚宁等 7 县，天津蓟州区，辽宁大连、新金等县市，上海崇明区，江苏射阳、兴化等县，浙江嵊州市、三门、宁海，安徽亳县、太和，山东莒县、平邑等县，河南嵩县、卢氏等县，湖北英山、罗田等县，陕西洛南、商州，甘肃康县、和政，四川中江、成都，云南丽江、永胜等县。各地丹参药材性状差距不明显，区别也仅在于野生品和栽培品。至今未见丹参性状随产地不同而发生显著变化的报道。一般野生品的有效成分及价格均远高于栽培品。

第四节　市场情况

丹参的市场价格与丹参的大小以及年份有关，年份越长的丹参价格越贵，普通的丹参干品价格在 2018 年干品稳定在每千克 15 元左右，野生的价格为每千克 50 元左右。家种丹参一般亩产干品 350 千克左右，亩产值在 5000 元左右，扣除成本后亩纯效益在 3000 元左右。虽然说价格不是很贵，和普通的农作物种植也没有太大的差别，但还是有利可图的。

市场上对丹参的需求量在不断地上升，在 20 世纪 70 年代的时候对丹参的需求量都还没有达到 700 万吨，而现如今丹参的需求量是 3500 万吨，可以说比之前的需求量增长了五倍，其中的原因首先是人口的增加，其次就是丹参的药用价值被大力的开发，出现在了更多的使用领域，近些年中医药被越来越多的国家和人民所接受，中国加入 WTO 后，中药材出口数量骤增，其需求量不断增大，加上野生资源无限制的采挖正逐年减少，供求矛盾加大，丹参生产有着广阔的发展前景，因此，不断扩大发展丹参种植生产势在必行。丹参适应性强，对外界环境条件要求不太严格，属常规生产品种。但由于栽培管理粗放等原因，产量较低，因此，发展丹参生产潜力很大。

第二章　生物学特性

第一节　植物形态特征

　　丹参为多年生草本，株高 30~100 厘米，全株密被黄白色柔毛及腺毛；根呈圆柱形，肉质，肥厚，有分枝，外皮土红色，内黄白色，长 30 厘米左右；茎呈四方形，被长柔毛。叶常为奇数羽状复叶，叶柄长 1.3~7.5 厘米，密被向下长柔毛，小叶 3~5 片，长 1.5~8 厘米，宽 1~4 厘米，卵圆形或椭圆状卵圆形或宽披针形，先端锐尖或渐尖，基部圆形或偏斜，边缘具圆齿，草质，两面被疏柔毛，下面较密，小叶柄长 2~14 毫米，与叶轴密被长柔毛。

　　轮伞花序 6 花或多花，下部者疏离，上部者密集，组成长 4.5~17 厘米具长梗的顶生或腋生总状花序；苞片披针形，先端渐尖，基部楔形，全缘，上面无毛，下面略被疏柔毛，比花梗长或短；花梗长 3~4 毫米，花序轴密被长柔毛或具腺长柔毛。花萼钟形，带紫色，长约 1.1 厘米，花后稍增大，外面被疏长柔毛及具腺长柔毛，具缘毛，内面中部密被白色长硬毛，具 11 脉，二唇形，上唇全缘，三角形，长约 4 毫米，宽约 8 毫米，先端具 3 个小尖头，侧脉外缘具狭翅，下唇与上唇近等长，深裂成 2 齿，齿三角形，先端渐尖。花冠紫蓝色，长 2~2.7 厘米，外被具腺短柔毛，尤以上唇为密，内面离冠筒基部 2~3 毫米处有斜生不完全小疏柔毛毛环，冠筒外伸，比冠檐短，基部宽 2 毫米，向上渐宽，至喉部宽达 8 毫米，冠檐二唇形，上唇长 12~15 毫米，镰刀状，向上竖立，先端微缺，下唇短于上唇，3 裂，中裂片长 5 毫米，宽达 10 毫米，先端二裂，裂片顶端具不整齐的尖齿，侧裂片短，顶端圆形，宽约 3 毫米。能育雄蕊 2 个，伸至上唇片，花丝长 3.5~4 毫米，药隔长 17~20 毫米，中部关节处略被小疏柔毛，上臂十分伸长，长 14~17 毫米，下臂短而增粗，药室不育，顶端联合。退化雄蕊线形，长约 4 毫米。花柱远外伸，长达 40 毫米，先端不相等 2 裂，后裂片极短，前裂片线形。花盘前方稍膨大。小坚果黑色，椭圆形，长约 3.2 厘米，直径1.5 毫米。花期在 4～8 月，花后见果。

第二节　药材性状特征

一、生药材性状

丹参根茎粗短，顶端有时残留茎基。根有数条，略弯曲，长 10～20 厘米，直径为 0.3～1 厘米，有分枝并有须根。表面棕红色或暗棕红色，粗糙，具纵皱纹。老根外皮疏松，多显紫棕色，常呈鳞片状剥落。质轻脆，易折断，折断面皮部色较深，呈紫黑色或砖红色，木部维管束灰黄色或黄白色，呈放射状排列。气微弱而特殊，味微苦涩。栽培品较粗壮，直径为 0.5～1.5 厘米；表面红棕色，具纵皱纹，外皮紧贴，不易剥落；质坚实，断面较平整，略呈角质样。

二、显微性状

1. 根横切面

木栓层为 4～6 列细胞，大多含橙色或淡紫棕色物，有时可见落皮层组织存在，皮层宽广，韧皮部较狭，呈半月形，形成层呈环形，木质部 8～10 数束，呈放射状，导管在形成层处较多，呈切向排列，渐至中央导管呈单列。木质部射线宽，纤维常成束存在于中央的初生木质部。

2. 粉末特征

红棕色，石细胞呈类圆形、类长方形或不规则形，直径 20～65 微米，长可至 257 微米，壁厚 5～16 微米，有的含棕色物。导管为网纹和具缘纹孔，网纹导管分子长梭形，网孔狭细，穿孔多位于侧壁。木纤维长梭形，多呈束状存在，纹孔呈斜裂缝状或十字状。木栓细胞黄棕色，表面类方形或多角形，壁稍厚。

3. 含量测定

【检查】水分：不得超过 13.0%（通则 0832 第二法）。

总灰分：不得超过 10.0%（通则 2302）。

重金属及有害元素：照铅、镉、砷、汞、铜测定法（通则 2321 原子吸收分光光度法或电感耦合等离子体质谱法）测定，铅不得超过 5 毫克/千克；镉不得超过 0.3 毫克/千克；砷不得超过 2 毫克/千克；汞不得超过 0.2 毫克/千克；铜不得超过 20 毫克/千克。

【浸出物】水溶性浸出物照水溶性浸出物测定法（通则 2201）项下的冷浸法测定，不得少于 35.0%。

【含量测定】①丹参酮类照高效液相色谱法（通则 0512）测定。

对照品溶液的制备取丹参酮 IIA 对照品适量，精密称定，置棕色量瓶中，加甲醇制成每 1 毫克含 20 微克的溶液，即得。

供试品溶液的制备取本品粉末（过三号筛）约 0.3 克，精密称定，置具塞锥形瓶中，精密加入甲醇 50 毫克，密塞，称定重量，超声处理（功率 140W，频率 42kHz）30 分钟，放冷，再称定重量，用甲醇补足减失的重量，摇匀，滤过，取续滤液，即得。

本品按干燥品计算，含丹参酮IIA（$C_{19}H_{18}O_3$）、隐丹参酮（$C_{19}H_{20}O_3$）和丹参酮I（$C_{18}H_{12}O_3$）的总量不得少于 0.25%。

②丹酚酸 B 照高效液相色谱法（通则 0512）测定。

对照品溶液的制备取丹酚酸 B 对照品适量，精密称定，加甲醇 - 水（8:2）混合溶液制成每 1 毫升含 0.10 毫克的溶液，即得。

供试品溶液的制备取本品粉末（过三号筛）约 0.15 克，精密称定，置具塞锥形瓶中，精密加入甲醇 - 水（8:2）混合溶液 50 毫升，密塞，称定重量，超声处理（功率 140W，频率 42kHz）30 分钟，放冷，再称定重量，用甲醇 - 水（8:2）混合溶液补足减失的重量，摇匀，滤过，精密量取续滤液 5 毫升，移至 10 毫升量瓶中，加甲醇 - 水（8:2）混合溶液稀释至刻度，摇匀，滤过，取续滤液，即得。

本品按干燥品计算，含丹酚酸 B（$C_{36}H_{30}O_{16}$）不得少于 3.0%。

第三节　生物学特性

丹参为多年生草本植物，株高 30 ～ 100 厘米，全株密被柔毛。

一、根

丹参的根肉质肥厚，外皮朱红色，内部白色，呈圆柱形，有分枝，根系发达，多的可达数 10 根，细长，长为 10 ～ 25 厘米，直径 0.8 ～ 1.5 厘米。根在生产中可作为繁殖材料。丹参根中丹参酮类有效成分在皮部含量高，在木质部中的含量极少，丹参酮类成分主要分布在根的表面。因此，栽培上应采取相应的措施促使根系表面积增大，增加根系分枝。

二、茎

丹参的茎直立，中空，四棱形，表面有浅槽，紫色或绿色，上部多分枝，顶端着生花序。丹参的嫩茎可以用作扦插繁殖的插条。

三、叶

丹参的叶对生，奇数羽状复叶，小叶通常有 5 对，有时 3 对或 7 对，顶端小叶片最大，侧生小叶较小，具短柄或无柄；呈卵形或椭圆形卵状，长 2 ～ 7 厘米，宽 0.8 ～ 5 厘米，先端急尖或渐尖，基部斜圆形，边缘有钝锯齿，叶面深绿色，背面白绿色，两面均被有白色柔毛，下面较密。

四、花

丹参的花为轮伞花序顶生或腋生，每轮 3 ～ 4 朵，多轮排列成疏离的总状花序，密被腺毛和柔毛。花紫色，二唇形，上唇直立，全缘，三角形，下唇较上唇短，裂为二齿。小苞片披针形，被腺毛。花冠呈钟状，长 1 ～ 1.3 厘米。萼筒喉部密被白色柔毛。花冠短，雄蕊有 2 枚，着生在下唇的中下部。药隔长，花丝比药隔短。子房上位，4 深裂。花柱较雄蕊长。柱头 2 裂。花呈淡紫色或白色。花期在 5 ~ 7 月。

五、果实及种子

丹参的果实由 4 个小坚果组成，小坚果呈椭圆形，暗棕色或黑色，果期在 6 ~ 8 月。种子很小，千粒重为 1.64 克，贮藏时间延长时发芽率降低，生产上最好随采随播。在 18 ~ 22℃下，15 天左右出苗，出苗率为 70% ~ 80%。寿命可保持 2 年，陈种子发芽率极低。无性繁殖时，在地温 15 ~ 17℃时根开始萌生不定芽，根条上段比下段发芽生根早。

第四节　生长习性

丹参分布广，适应性强。野生于向阳山坡的草丛、路边、溪旁等处。喜温和气候，较耐寒，可耐受 –15℃以上的低温。生长最适温度为 20 ~ 26℃，最适空气相对湿度为 80%。产区一般年平均气温 11 ~ 17℃，海拔 500 米以上，年降水量 500 毫米以上。丹参根系发达，深度可至 60 ~ 80 厘米，怕旱又怕涝。对土壤要求不高，一般土壤均能生长，但以地势向阳、土层深厚、中等肥力、排水良好的沙质壤土栽培为好。忌在排水不良的低洼地种植。对土壤酸碱度要求不严，从微酸性到微碱性都可栽培。所以在土层深厚、质地疏松的砂质壤土上，最有利于根系生长。土壤过黏，通气和排水不良时，常引起烂根，以致全株枯萎，根的萌芽力较强，可采用分根法繁殖。根条上段、中段要比下段发芽生根早。试验研究表明：丹参根是随着地上部的生长而生长的，后期随着气温逐渐下降，地上部生长逐渐缓慢，养分向下部转移，根部的生长更加迅速。

丹参植株的吸肥力很强，依靠其强大的根系，可从土壤的表层与深层吸收养料。在一般中等肥力的土壤中，它就可以生长发育良好，在多施基肥、配合追施氮肥的情况下生长发育更佳。在氮、磷、钾严重亏缺时，丹参植株会表现出一定的生理病态。在严重缺氮的情况下，初期植株叶片颜色逐渐由深绿变为浅绿，植株生长缓慢；严重时生长点不发育，甚至坏死，不再生发新叶，老叶枯黄，根细，产量低、质量差。在缺磷时，叶为绿色，有时为红褐色；初期叶上有明显褐色斑点，后期斑点扩大并干焦，叶有时扭卷，心叶生长缓慢。缺钾时，植株叶绿色至深绿色，叶片宽大，叶柄细长嫩弱，表现徒长，有时老叶边缘有较大褐斑，叶脉深绿色，其他部分淡绿色，出现明显花斑。

第三章　栽培技术

第一节　种子育苗

一、播　种

1. 育苗田的选择

选择水源方便，地势平坦，排水良好，地下水位高，耕作土层深，pH 值在 7 左右的细沙壤土，前作为禾本科作物，如小麦、玉米，或闲置地作为育苗田。前茬种植蔬菜和丹参的地块不能作为育苗田，育苗地宜选在移栽地块附近内。

2. 苗床的准备

每亩施充分腐熟的农家肥 2000 千克左右，施 15∶15∶15 的三元复合肥 20 千克，施毒死蜱 2.5 千克，深翻入地。然后理沟作畦、耙细、整平，清除石块、杂草。要求畦宽 1.2 米，排水沟宽 30 厘米、深 25 厘米，育苗期间苗床不能积水。

3. 种子处理及播种

一般在 5 月下旬至 6 月初播种，结合气候特点，于立秋前后 10 天出苗最好。每亩地用种子 1.5 千克，播种前需用 40℃左右的温水浸泡种子 4~5 小时即可。采用条播的方式，在畦面上按行距 15 厘米横向开沟，沟深 3 厘米左右，隔 10~15 厘米放 3~4 颗，将种子撒入沟内，覆盖 2 厘米深的细土，稍压实。再用枯叶、松毛或碎草覆盖畦面，以不露土为宜。覆盖后浇透水。

4. 播后苗床管理

播种后应定期检查苗床，观察苗床墒情和出苗情况，及时补播，保证苗齐，如遇干旱天气，可在覆盖物上喷洒清水以保持苗床湿润，一般播种后第4天开始出苗，15天苗出齐。当开始出苗返青后，在傍晚或阴天时分多次揭去覆盖物。出苗后应及时用手拔除杂草，以防荒苗。如出苗密度过大，保持苗株距5厘米左右，按株距10~15厘米定苗，亩产成品苗8~10万株，间去多余小苗，也可用间出的小苗补苗。5月，苗高15厘米左右，结合浇水和中耕除草，将稀释后的人畜粪水按每亩兑尿素4~6千克，混匀后浇施在根部。7、8月，选晴天结合中耕除草追施复合肥，每亩施25千克。

壮苗标准是：叶色深绿，根长15厘米，直径0.4厘米。定苗后，视植株生长情况及时浇水。雨季要及时清沟理墒，及时排水，避免田间积水，引起烂根。丹参苗期田间土壤水分以55%~60%为宜。

二、种苗期管理

1. 起　苗

一般在移栽前进行起苗，随起随栽为好。如移栽大田较远，用钉耙采挖，起苗后立即在荫蔽无风处选苗，别出不合格苗，壮苗每100棵用草扎成一把。

2. 种苗检验

种苗在移栽前要进行检查，对烂根、色泽异常及被虫咬伤的种苗要除去，特别是根部有小疙瘩（此为根结线虫病）的种苗及根上部直径小于或等于0.2厘米的必须剔除，对混有的杂草要进行清除。

3. 种苗运输

种苗要用干净的竹筐或麻袋包装，运输时间最长不超过48小时，以防止烧苗。

4. 大田土壤处理

所选地块属根结线虫等病害多发区要做好土壤处理：结合整地，每由施入3%辛硫磷颗粒3千克，撒入墒面，深翻入土中，进行土壤消毒；用50%的辛硫乳油200~250克，加10倍水稀释成2~2.5千克，喷洒在25~30千克的细土上，搅拌均匀，使药充分吸附在细土上，制成毒土，结合整地均匀撒在墒面，翻入土中。或者将此毒土顺墒沟撒施在丹参苗附近，如能在下雨前施下，效果更佳。

三、大田移栽

1. 清 理

清除大田四周杂草并在远离大田的地方集中烧毁。

2. 施 肥

每亩施充分腐熟的农家肥或有机肥 1500～2000 千克、丹参低浓度二元专用肥 24 千克作底肥，撒施土地表面。无二元专用肥，可配施尿素 5 千克、磷酸二铵 9 千克、硫酸钾 7 千克作底肥，也可每亩施 20 千克 15∶15∶15 的三元复合肥，深翻田地 30～35 厘米，整细、耙平、作垄。

3. 理 墒

墒宽 1.0 米、高 20 厘米，墒间留 25 厘米宽的沟，大田四周开出宽 40 厘米、深 30～35 厘米的排水沟。丹参种植实行起墒栽培并做好田间排灌，以保持适当土壤水分含量，提高药材产量和品质。

图 7-1　理　墒

4. 大田移栽

秋季栽培，宜在 10 月下旬至 11 月上旬（寒露或霜降前）进行移栽，移栽行距为 30 厘米、株距为 22～25 厘米。畦面开穴，穴深以种苗根长为宜，每穴栽种 1～2 株；苗根过长的，可剪掉下部，保留 10 厘米长即可；将苗根垂直立于穴中，培土，微露心芽。每墒栽三行，每亩栽 9000～10000 株。栽后浇定根水。丹参早移栽，早生根，至寒冬来临时早已成活，来年早返青，尽可能不要推迟到严寒季节才移植。

四、中耕管理

1. 适时追肥

追肥 2 次。第一次是 6 月上旬至 7 月上旬，每亩施用尿素 5～10 千克，兑清粪水 1000 千克塘施（清粪水比例为水 3 份粪、水 1 份）。第二次是 8 月上旬至 9 月上旬，每亩塘施 30 千克三元复合肥和 1500 千克清粪水（比例同上）。丹参生长后期可视植株长势，用 0.2% 的磷酸二氢钾液、铁锌肥液在根外追施 2～3 次，每次间隔 7～10 天。

2. 抗旱排涝

生长前期如遇干旱，采用沟灌方式，及时灌水抗旱。7～10 月，暴雨和秋雨易使土壤过湿造成烂根死苗，应开深沟排水防涝。

3. 摘除花薹

5 月，苗高 15 厘米割去顶部花蕾，离地面留 10 厘米左右，结合浇水和中耕除草，将稀释后的人畜粪水亩兑尿素 4～6 千克，混匀后浇施在根部。7、8 月，选晴天，结合中耕除草追施复合肥，每亩施 25 千克。

4. 人工除草

地膜栽培丹参，土壤疏松适度，杂草少，一般不中耕除草。采用地膜覆盖可防止杂草生长。丹参生长期间如杂草较多，可人工除草 2～3 次，清洁田园。

图 7 - 2　人工除草

五、留　种

收获丹参时，选择色红，无腐烂，发育充实，直径 0.7～1 厘米的根条作种根，用湿沙贮藏至翌年春栽种；也可选留生长健壮、无病虫害的植株在原地不挖起，留作种株，待栽种时随挖随栽；还可在收获丹参时选留生长良好的植株，粗根切下作药用，将直径 0.6 厘米粗的细根连同芦头切下作种栽。

用来留种的丹参一般第 1 年不采收，翌年 4 月底就开始开花，以后种子陆续成熟，在花序上，开花和结实的顺序是由下而上进行的，下面的种子先成熟。种子收获最好在 6 月底或 7 月初，便于随采随播，种子储存不宜超过 1 个月（1 个月以内的种子发芽率在 70% 左右），超过 4 个月则种子发芽率只有 10% 左右。成熟的种子要及时采收，否则会自行散落。采种时，如留种面积很小，可分期分批采收。如留种面积较大，则可在果穗上有三分之二的果萼已经褪绿转黄而又未完全干枯时，将整个果穗剪下，留下中下部的成熟种子，舍弃顶端幼嫩部分。果穗剪下后，需即时曝晒，打出种子，扬净杂物。经 2～3 个晴天的晒种，播种后发芽率高，出苗较整齐。种子晒干后，装入布袋中，挂在阴凉、干燥的室内保存。如种子不晒就贮藏，则易发热，会丧失发芽能力。

第二节　分根繁殖

　　春栽，于早春 2 ~ 3 月进行。在整平耙细的栽植地的墒面上，按行距 33 ~ 35 厘米、株距 23 ~ 25 厘米挖穴，穴深 5 ~ 7 厘米，每穴施入适量的粪肥或土杂肥作基肥，与底土拌匀。然后，将径粗 0.7 ~ 1.0 厘米的嫩根，切成 5 ~ 7 厘米长的小段作种根，大头朝上，每穴直立栽入 1 段，栽后覆盖火土灰，再盖上厚 2 厘米左右的细土。不宜过厚，否则难以出苗；亦不能倒栽，否则不发芽。每亩需种根 50 千克左右。

　　丹参除了种子育苗、分根繁殖方法获得种苗外，还有分株繁殖、扦插法。

　　（1）分株繁殖：于立冬至第二年惊蛰，在家种丹参收获时（一般在冬至到立春之间），选取健壮、无病害的植株，剪下粗根作药用，将细如香烟的根连芦头带心叶留作种苗，进行种植。还可采挖野生丹参，连根带苗移植。大棵的苗，可按芽与根的自然生长状况，分割成 2 ~ 4 株，然后再种植。

　　（2）扦插法：清明前后，选粗壮的茎条，截成 2 ~ 3 个节为一段，剪去部分叶片，扦插到整好的畦上，入土 6 ~ 10 厘米深，芽微露出土面，将土压实后，立即浇水。此后早、晚喷水，保持畦面湿润。

　　管理方法同丹参种子育苗移栽大田管理方法。

第四章　病虫害防治

丹参的病虫害防治方法，一是要建立良种田，选用无病虫害健壮的种根，合理轮作；二是深翻土壤；三是选择地势高，通风好，土壤疏松的地块种植，培育适龄壮苗；四是加强水肥管理，施用经充分腐熟的有机肥，增施磷肥、钾肥，适当控制氮肥；五是雨季疏沟排水；六是人工拔除沟间杂草；七是及时除去丹参植株基部发病的老叶，拔除病株，集中烧毁；八是收获后及时清除田间病叶残株及杂草，集中烧毁或沤肥。

第一节　主要病害防治

一、叶枯病

叶枯病植株下部叶片开始发病，逐渐向上蔓延。发病初期叶面产生褐色、圆形小斑，病斑不断扩大，中心部呈灰褐色，最后叶片焦枯，植株死亡。5 月初发生，一直延续到秋末，6~7 月份最严重。

防治方法：①选用无病健壮的种子，下种前用波尔多液（1：1：100）浸种 10 分钟消毒处理。②加强田间管理，增施磷肥、钾肥，及时开沟排水，降低湿度，增强抗病力。③发病初期，喷洒 60% 代森锌 600 倍液或 50% 多菌灵 800 倍液。

二、菌核病

菌核病的病原菌先侵害植株茎基部、芽头及根茎部，浸染部位变成褐色并逐渐腐烂，在病部表面、附近土面及茎秆基部内生有灰黑色的鼠类状菌核和白色的菌丝体。病茎上部及叶片渐趋发黄，最后植株枯死。

防治方法：①保持土壤干燥，及时排除积水。②发病地块可进行水田栽种，淹死种核，再作为丹参栽培田。③发病期用 50% 氯硝铵 0.5 千克加石灰 10 千克拌成灭菌药，撒在病株茎的基部及附近土壤中，以防止病害蔓延。④用 50% 速克灵 1000 倍液浇灌。

三、根腐病

根腐病受害植株，细根首先发生褐色干腐，并逐渐蔓延至粗根。根部横切，可见横断面有明显褐色，即维管束病变。后期根部腐烂，植株地上部萎蔫枯死，最后整个植株死亡。多在 5~11 月份发生。

防治方法：①实行轮作，选择地势高燥的山坡地种植。②加强田间管理，增施磷肥、钾肥，疏松土壤，促进植株生长，提高抗病力。③发病初期，喷 50% 多菌灵 500 倍液，或 70% 甲基托布津 800~1000 倍液，或 70% 甲基硫菌灵可湿性粉剂 700 倍液浇淋病株，每隔 7 天喷洒一次。

四、根结线虫病

根结线虫病是一种寄生虫病。根结线虫侵入根部后，刺激寄主细胞加快分裂，使根系受害部形成瘤状肿块。细根和粗根各个部位的肿块大小不一，形状各异，这是线虫病的显著特征。瘤状体初为黄白色，外表光滑，以后变成褐色，最后破碎腐烂。剖开虫瘿，呈透明状，内含无色透明小粒。线虫寄生后，植株根系功能受到破坏，影响养分吸收，植株地上部枯死。

防治方法：①水旱轮作，可淹死线虫，减轻危害。②选择肥沃的土壤，避免土壤沙性过重的地块种植，减少线虫病发生。③用 80% 二溴氯苯烷 2~3 千克加水 100 千克，在栽种前 15 天开沟施入土壤中，并覆上土，防止药液挥发，提高防治效果。④用 0.9% 阿维菌素（爱福丁乳油）800 倍液灌窝；1:1:200 波尔多液灌窝，间隔 15 天以上喷洒一次。

第二节 主要虫害防治

一、银纹夜蛾

银纹夜蛾又名青虫、造桥虫。夜蛾一般在夏、秋季发生，幼虫咬食叶片，严重时将叶片全部吃光。银纹夜蛾每年发生 5 代，以第二代幼虫于 6 ~ 7 月份开始危害丹参叶片，7 月下旬至 8 月中旬危害最为严重。

防治方法：①收获后将病株集中烧毁，以杀灭越冬虫卵。②可于地中悬挂黑光灯，诱杀成蛾。③幼虫出现时，用 10% 杀灭菊酯 2000 ~ 3000 倍液或 90% 敌百虫 800 倍液或 50% 辛硫磷乳油 1000 倍液喷杀。每隔 7 天喷 1 次，连续喷 2 ~ 3 次。

图 7 - 3　银纹夜蛾

二、棉铃虫

防治方法：①现蕾期喷洒 25% 杀虫脒水剂 500 倍液。②用杨树枝捆成把放在田间诱杀。③释放赤眼蜂、草蛉等天敌防治。

图 7 - 4　棉铃虫

三、蚜　虫

防治方法：①可用 10% 吡虫啉可湿性粉剂 1000 倍液喷雾防治。②喷施 40% 乐果 1500 ~ 2000 倍液或 5% 杀螟硫磷 1000 ~ 2000 倍液进行防治，每隔 7 ~ 10 天喷 1 次，连喷 2 ~ 3 次。

图 7 - 5　蚜　虫

四、蛴　螬

蛴螬是金龟子幼虫的总称，多危害丹参的根，将其食成麻点、缺刻或凹凸不平的空洞，不仅造成减产，而且因虫伤易引起病菌侵入发病，影响丹参质量。蛴螬也常危害丹参刚发芽的种子及幼苗，咬断土表下的茎部，造成缺苗。有时在幼苗出土前遭受蛴螬危害。丹参的种块和芦头播种后，出苗前种块及芦头被咬碎，不能出苗，造成严重缺苗。

防治方法：①施用充分腐熟的有机肥。②在田间挂黑光灯或马灯诱杀成虫。③发生期用 90% 敌百虫 1000 倍液或 75% 辛硫磷 750 倍液灌根。

图 7 - 6　蛴　螬

第五章 采收与加工

第一节 采 收

　　采用丹参种子繁殖的，一般2～3年才能收获；分株栽植的，一般1年至2年即可收获，管理措施得当，1年即可收获；根段育苗移栽的一年就能收获，采收时间一般在霜降到立冬之间或春季发芽之前。在畦的一端顺行深挖，防止挖断。因根入土较深，分布较广，质脆易断，要选晴天，土壤半干燥时，小心深挖，减少断根。将根挖出后，去除泥土，晒干（防止雨淋或水洗），去除去须根和附土，即可供药用。每3千克左右鲜根，可加工出1千克干货。以条粗，色紫红，无须根，杂质少者为佳。一般亩产干货200～250千克，高产田可达300～400千克，折干率为30%。

图7-7 采 挖

第二节　初加工

产地加工，将收获的丹参剪除茎叶，抖掉泥土，运回晒至 6~7 成干时，把一株一株的根捏拢，再晒至八九成干时又捏一次，把须根全部捏断，晒干即成商品丹参。每亩产丹参鲜品一般在 900~1200 千克，鲜干比为 3.1:1~4.1:1。

图 7-8　丹参初加工——晾晒

第三节　质量规格

根据国家相关管理部门制订的药材商品规格标准，丹参商品分野生、家种两个规格。

一、野　生

统货干货。呈圆柱形，条短粗，有分支，多扭曲，表面红棕色或深浅不一的红黄色，皮粗糙，多鳞片状，易剥落。体轻而脆。断面红黄色或棕色，疏松有裂隙，显筋脉白点。气微，味甘、微苦。无芦头、毛须、杂质、霉变。

二、家　种

一级干货：呈圆柱形和长条形，偶有分支。表面紫红色或黄红色，有纵皱纹。质坚实，皮细而肥壮。断面灰白色或黄棕色。无纤维。气弱，味甜、微苦。多为整枝，头尾齐全，主根上中部直径在 1 厘米以上。无芦茎、碎节、须根、杂质、虫蛀、霉变。

二级干货：呈圆柱形或长条状，偶有分枝。表面紫红色或黄红色，有纵皱纹。质坚实，皮细而肥壮。断面灰白色或黄棕色，无纤维。气弱，味甜，微苦。主根上中部直径 1 厘米以下，但不得低于 0.4 厘米。有单枝及撞断的碎节，无芦茎、须根、杂质、虫蛀、霉变。

第四节　包装和贮藏

丹参的商品安全水分为 11% ~ 14%，储藏适温在 30℃ 以下，相对湿度为 70% ~ 75%。用麻袋或筐包装，按上述要求贮于库内。本品质脆易断，要防重压。易潮生霉，易虫蛀，贮藏期间定期检查，发现受潮或温度过高，及时翻垛、摊晾，虫情严重时用磷化铝熏杀。高温、高湿季节前可进行密封抽氧充氮养护。

参考文献

[1] 罗良才:《云南经济木材的特性和利用记载》,载《云南经济木材志》,云南人民出版社 1989 年版。

[2] 郭善基:《中国果树志·银杏卷》,中国林业出版社 1993 年版。

[3] 邢世岩:《叶用核用银杏丰产栽培》,中国林业出版社,1997 年版。

[4] 蔺海明、邱黛玉:《当归标准化生产技术》,金盾出版社 2010 年版。

[5] 李正理:《银杏胚胎发育》,《植物学报》1983 年第 3 期。

[6] 张洁:《银杏栽培技术》,金盾出版社 2016 年版。

[7] 中国农业科学院:《当归柴胡无公害栽培与加工》,金盾出版社 2003 年版。

[8] 云南老科技工作者协会:《云南药用植物栽培技术丛书——云当归》,内部资料,2006 年。

[9] 曲靖市沾益区生物资源开发技术推广站:《当归标准化栽培技术》,内部资料。

[10] 国家药典委员会:《中华人民共和国药典》,中国医药科技出版社 2015 年版。

[11] 岳顺心:《如何提高大型银杏的移栽成活率》,《植物杂志》1999 年第 5 期。

[12] 黄明:《银杏的观叶品种》,《植物杂志》2000 年第 1 期。

[13] 韦美丽等:《云南省沾益县当归 GAP 规范化种植适宜性评价》,《现代中药研究与实践》2015 年第 3 期。

[14] 孙红梅、张本刚、齐耀东等：《当归药材资源调查与分析》，《中国农学通报》2009 年第 23 期。

[15] 孙红梅：《当归药材资源调查与品质特征的研究》，硕士学位论文，中国医学科学院药用植物研究所，2010 年。

[16] 严辉、段金廒、钱大玮等：《不同产地当归药材及其土壤无机元素的关联分析与探讨》，《中药材》2011 年第 4 期。

[17] 严辉、段金廒、钱大玮等：《我国不同产地当归药材质量的分析与评价》，《中草药》2009 年第 12 期。

[18] 张金渝、王元忠、赵振玲等：《气相色谱—质谱联用分析不同产地云当归挥发油化学成分》，《安徽农业科学》2009 年第 26 期。

[19] 杨斌、王馨、吕德芳、冯二荣等：《云南一年生当归规范化生产标准操作规程（SOP）》，《中国现代中药》2016 年第 4 期。

[20] 杨斌、吕德芳、冯二荣等：《一年生云归优质高产栽培技术》，《云南农业科技》2014 年第 6 期。

[21] 吕德芳、冯二荣、付仕祥等：《不同育苗时期对沾益一年生当归产量的影响》，《云南农业科技》2019 年第 1 期。

[22] 云南省农业科学院药用植物研究所：《滇黄精栽培技术规程》，云南省地方标准，2018 年。

[23] 张智慧、马聪吉、王丽、王家金，刘大会：《滇黄精组织培养及快繁技术研究》，《时珍国医国药》2018 年第 10 期。

[24] 云南煜欣农林生物科技有限公司和云南省农业科学院农业环境资源研究所：《滇黄精规范化栽培技术》，地方标准编制（备案稿），2018 年。

[25] 云南煜欣农林生物科技有限公司和云南省农业科学院农业环境资

源研究所：《滇重楼规范化栽培技术》，地方标准编制（备案稿），2017。

[26] 王桥美、杨瑞娟、严亮等：《滇黄精主要病虫害防治措施的研究综述》，《农村实用技术》2017年第12期。

[27] 田启建、赵致、谷甫刚：《黄精栽培技术研究》，《湖北农业科学》2011年2月第4期。

[28] 陈兴荣、王成军、杨永寿：《滇黄精抗衰老保健食品的研究与开发》，《中国民族民间医药》2009年21期。

[29] 王冬梅、朱玮、张存莉：《黄精化学成分及其生物活性》，《西北林学院学报》2006年第2期。

[30] 陈兴荣、陈玲、马志敏：《滇黄精的药用价值与开发利用》，《医药导报》2003年第4期

[31] 李绍平：《云南药用植物病虫害防治》，云南科技出版社2012年。

[32] 赵东兴、李春、赵国祥、李涛：《云南地道药材滇重楼的研究进展》，《热带农业科学》2014年第1期。

[33] 毛山海、宁加朝：《滇重楼种子育苗技术》，《现代农村科技》2017年第1期。

[34] 石子为、康利平等：《我国滇重楼种植的气候适宜性研究》，《中国中药杂志》2017年第18期。

[35] 嵇艳兰：《重楼的药理作用及其资源现状》，《中国基层医药》2017年第5期。

[36] 李云昌：《滇重楼块茎繁殖培育方法》，《乡村科技》2018年第10期。

[37] 董丽：《滇重楼的高效栽培与安全管理技术》，《产业与科技论坛》

2019 年第 3 期。

[38] 刘大会、郭兰萍、黄璐琦、金航等：《土壤水分含量对丹参幼苗生长及有效成分的影响》，载《2010 年中国药学大会暨第十届中国药师周论文集》，2010 年。

[39] 陈忠义、马潇、魏新田：《丹参病虫害的发生与防治》，《现代农业科技》2011 年第 8 期。

[40] 张贵祥、张敬君：《丹参栽培技术》，《现代农业科技》2011 年第 18 期。

[41] 方艳、王丽等:《丹参在云南昆明引种栽培研究》,《中国现代中药》2014 年 10 期。

[42] 赵晓兰：《丹参的药用研究进展》，《品牌（下半月）》2015 年第 6 期。

[43] 李天祥、常广璐、李国辉、张淑娟、孙启生、李庆和：《丹参培育中的关键问题和对策》，《时珍国医国药》2015 年 12 期。

[44] 李勇、付亮、黄娟、谢洲、王强：《达州地区丹参高产栽培技术》，《现代农业科技》2017 年第 2 期。

附 图

◎ 银杏

套种当归

套种桔梗

银杏叶枯病

银杏褐斑病

银杏大蚕蛾

银杏超小卷叶蛾

茶黄蓟马

◎ 当归

当归种植常规育苗

当归中棚育苗

大田移栽

摘除枯黄老叶

◎ 滇黄精

玉竹轮叶黄精

滇黄精

卷叶黄精

格脉黄精

康定玉竹点花黄精

短筒黄精   多花黄精

滇黄精形态

滇黄精生药材

滇黄精种子萌发

滇黄精单叶期

滇黄精轮叶期

滇黄精花期

滇黄精果期

滇黄精苗床整理

滇黄精播种

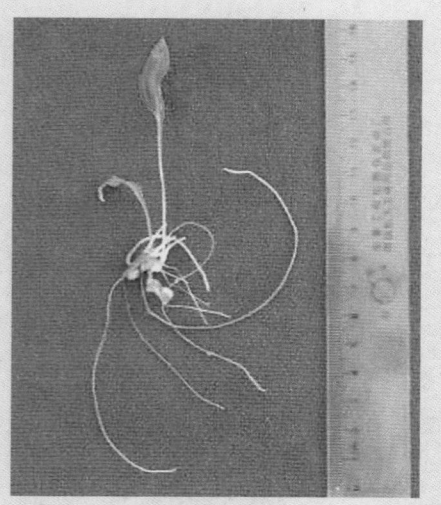

滇黄精组培育

滇黄精根茎繁育材料　　　　　　滇黄精繁育的培苗

滇黄精青苗移栽

施肥

滇黄精叶斑病

滇黄精黑斑病

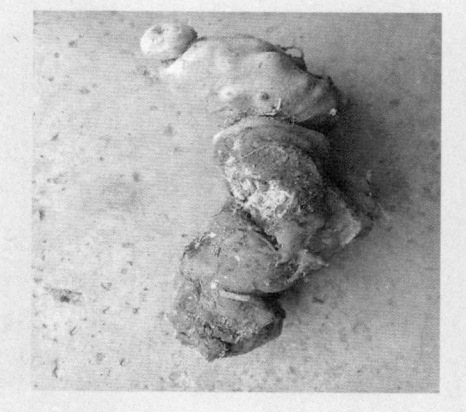

滇黄精根腐病茎叶部分的症状

滇黄精炭疽病

滇黄精褐斑病

滇黄精茎腐病

滇黄精病毒病

滇黄精灰霉病

滇黄精枯萎病　　　　　　　　滇黄精灰霉病

蚜虫

地老虎　　　　　　　　　　　蛴螬

蝼蛄

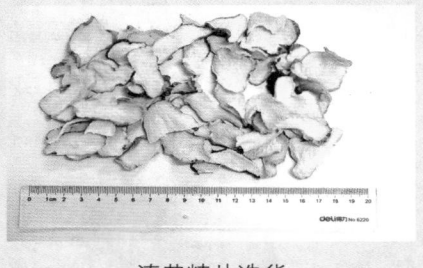

滇黄精片选货

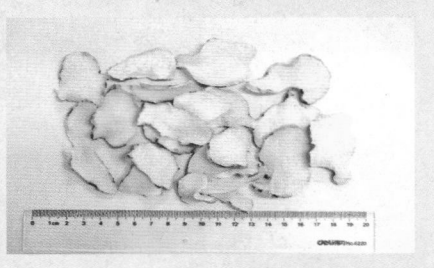

滇黄精统货

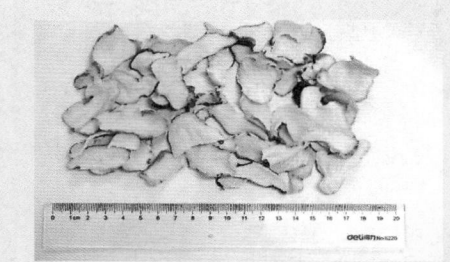

滇黄精片当年货

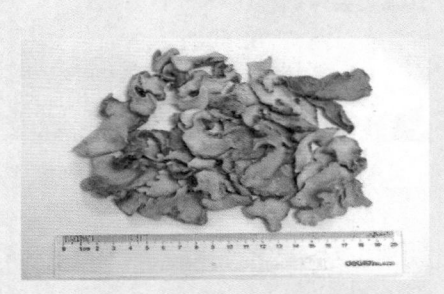

滇黄精片陈年货

◎ 滇重楼

在苗床上铺盖一层松针或碎草

滇重楼人工授粉

滇重楼人种植苗床准备

滇重楼苗床水肥管理

成熟的滇重楼种子

去皮晾干后的滇重楼种子

滇重楼播种

滇重楼根茎切段
繁殖

多芽滇重楼分芽
繁殖

理顺须根，芽头向上

健康滇重楼苗

滇重楼水肥管理

滇重楼中耕除草

滇重楼冬季管理

滇重楼叶斑病症状

滇重楼灰斑病症状　　　　　　　滇重楼根腐病

滇重楼茎（叶）腐病

滇重楼病毒病　　　　　　　　　　金龟子

◎ 附子

附子

云南附子田间开花期的植株

云南附子收获及泥附子示意图

云南附子规范化种
植示意图

◎ 黄草乌

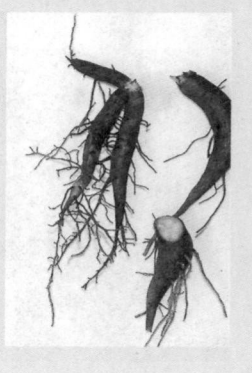

云南黄草乌植株、花和侧生新鲜块根

黄草乌规范化种植技追肥

黄草乌插杆 　　　　　　　　黄草乌封顶打杈

黄草乌实生种采收和晾晒

黄草乌块根收获

◎ 丹参

理墒

人工除草

银纹夜蛾

棉铃虫

蚜虫

蛴螬

丹参采挖

丹参晾晒